放射能汚染の拡散と隠蔽

小川進・有賀訓・桐島瞬

緑風出版

目次

放射能汚染の拡散と隠蔽

はじめに

依然として福島第一原子力発電所事故をめぐって解明されていない問題点がある。それらは本書でも展開されるが、三つの重要な点だけを簡単に説明する。

原発の電気は東京に送られているのか

原子力発電所の電力は、東京に送られていることになっている。しかし本当に原子力の電力は東京に送られているのだろうか。電力会社には「融通」という制度がある。電力会社間の電力をその過不足に応じて、時々刻々と交換する制度である。

すなわち、電力各社は長期の特定融通（特定の電源または特定地域の需要を対象とした電力融通）および需給調整融通（供給力の不足した会社に流す電力融通）を行ない、需給の安定を確保するとともに、経済融通（設備の効率的な運用により経費の節減を図るための電力融通）を行なっている（電気事業講座編集委員会、二〇〇七）。

これにより、福島原発で発電された電力は福島県内で東北電力の電気として使用されていた。同様に、柏崎の原発で発電された電力は新潟県内で東北電力の電気として使用されていた。

ところで、事故当時、関東圏で電力は不足していたのだろうか。また東北圏では電力は潤沢であったのだろうか。

事故前年（二〇一〇年）の東北電力と東京電力の電力の収支の推定を表1に示す。

東北電力は約一三四万kWの不足があり、東京電力から電力の融通を受けていた。その主力供給元である福島県内の東京電力の施設は表2のとおりである。

各電力施設で発電された電気は、すべて送電網に入り、東京電力から東北電力に融通される。このうち、調節される施設は火力発電所である。表3に現在の電力の収支を示す。

両電力会社ともに、原子力発電所を含まずに、十分、消費電力を余裕で供給していることがわかる。原子力発電所は全く必要でなかったのである。計画停電も必要なかった。

東京湾にはLNG火力発電を中心にした膨大な電力施設がある。千葉、東京、神奈川に関して、現在の電力の収支を表4に示す。

すなわち、十分余裕をもって、首都圏は火力発電所で消費電力に対応しており、この状況は事故以前も変わらない。LNG火力は地方の原子力発電所の建設と同時並行して進められていたのである。都市域の激しい変動電力には、LNG火力でしか対応はできない。原子力発電所は、むしろ、電力変動の小さい地方にとっての電力施設であり、その性格は現在も変わらない。首都圏にとって、原子力発電所は無意味な過剰電力でしかない。原子力と火力の模式的な電力分布を図1に示す。原子力は二〇〇km圏、火力は一〇〇km圏をカバーする。原子力の過剰電力は夜間には揚水発電に使われる。揚水発電所は福島県にある第二

表１　東北電力と東京電力の電力収支（2010）

電力会社	推定消費電力 kW	推定出力電力 kW	電力収支 kW
東北電力	10,837,887	9,500,960	-1,336,927
東京電力	36,157,332	39,106,317	2,948,985

表２　福島県内の東京電力の電力施設（2010）

電力施設	定格電力 kW	稼働率％	推定出力電力 kW
水力（2）	1,6.99 万	85	14 万
火力（3）	72,5.00 万	42	305 万
原子力（2）	64,2.80 万	60	386 万

表３　東北電力と東京電力の電力収支（2016）

電力会社	推定消費電力 kW	推定出力電力 kW	使用率％
東北電力	766 万	1,402 万	55
東京電力	3,626 万	5,699 万	64

表４　千葉、東京、神奈川の電力の収支（2016）

行政区	推定消費電力 kW	推定出力電力 kW	使用率％
千葉県	527 万	1,851 万	29
東京都	956 万	219 万	437
神奈川県	736 万	1,217 万	61
合計	2219 万	3287 万	68

注）表１から４は電力調査統計（資源エネルギー庁）を基に著者作成

沼沢発電所、栃木県の塩原発電所、今市発電所、群馬県の矢木沢発電所、玉原発電所、神流川発電所、山梨県の葛野川発電所、長野県の安曇発電所、水殿発電所、新高瀬川発電所があり、原発と連動している。

すなわち、東京電力の原子力発電所の電力は福島県、栃木県、群馬県、山梨県、長野県に送電されていたのであり、東京、神奈川、千葉は一〇〇％火力で支えられていたのである。

水素爆発だったのか

福島第一原子力発電所は、四回の爆発があった。これらは、水素爆発であったとされる。いずれの書籍も、燃料棒のジルコニウムが水と反応して、酸化ジルコニウムと水素になったとされる。各燃料

表５　各原子炉のジルコニウムの量（ton）と生成水素量（mol）

1号機	2号機	3号機
8.01 ton	16.11	14.11
1.8 × 10^5 mol	3.5 × 10^5	3.1 × 10^5

表６　水素燃焼時の最大気圧（atm）

1号機	2号機	3号機
9.45	13.8	12.3

注）表５、表６は東京電力ホームページを基に著者が作成。

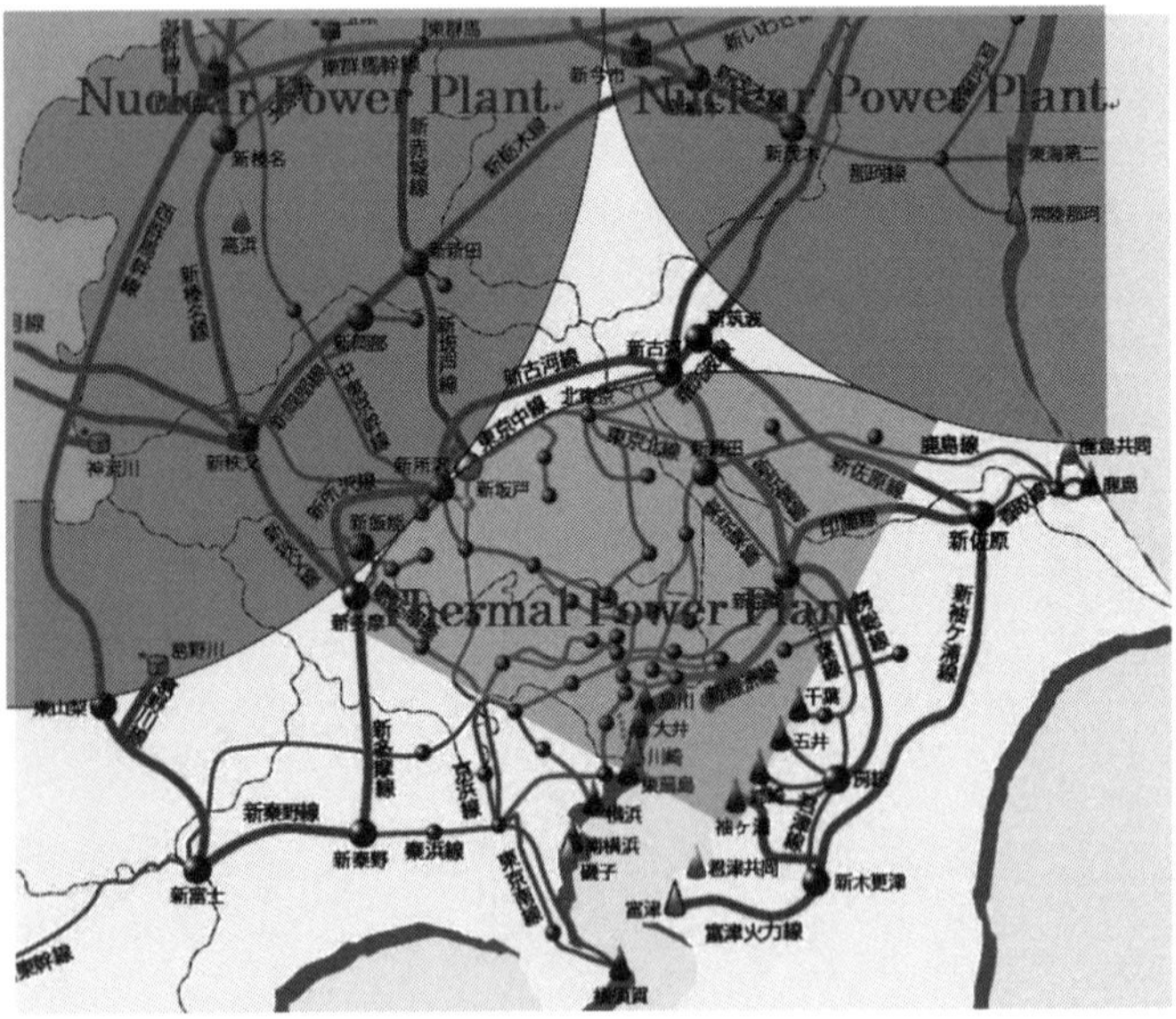

図１　首都圏の火力と原子力の配電分布。

棒の数からジルコニウム量を推定し、次式から水素量を計算したのが、表5である。

$$Zr+2H_2O \rightarrow ZrO_2+2H_2$$

次に水素の燃焼熱から、建屋の五階部分に水素が滞留したとすれば、完全燃焼による最大気圧が計算でき、表6となる。二号機は大破に至らなかったが、三号機の方が一号機よりも激しく爆発したのが説明できる。

しかしながら、このような化学反応が理想的に連続して起こった場合にのみ建屋の破壊は起こりうる。実際には〇・二〜〇・四気圧がせいぜいで、建屋の爆発がジルコニウムの化学反応だけによる水素爆発であったとは考えにくい。ジルコニウムはデブリの状態からみて、一部が反応したと推定される。したがって、別の化学反応が起こった可能性がある。依然として、水素爆発には疑問が残る。未知の化学反応が間違いなく発生していた。

知能低下と高齢者の死

原子力の障害は多岐にわたる。ここで重要な点は、低レベル放射能の脅威である。特に知能の低下である。ネバダの核実験では有意な知能の低下が現れたことをスターングラスは発見した。さらに、水爆ブラボーの実験によりロンゲラップ島の子供全員の甲状腺疾患とともに肉体と精神の両面での発達障害が指摘された。ネバダに近いユタでは、甲状腺と脳の腫瘍の発生とともに成績不良と精神障害の増加が立証された。ヨウ素131こそがこうした甲状腺機能の障害と精神障害の原因と考えられている。原子力発電所もまたヨウ素131を生成し、同様の障害をもたらす。

低線量の放射線は、種々の感染症、肺気腫、心臓病、甲状腺疾患、糖尿病に加え、発達中の胎児に対して脳への障害と精神障害といった深刻なダメージを与える。ペトカウ効果は、低線量被曝の危険性を説明する。

また、チェルノブイリでは、乳幼児、感染症疾患の若年成人、高齢者の死亡が著しく増加した。免疫系の脆弱なものに被害が集中した。

すなわち、原子力発電所は、その周囲に暮らす人々に知能の低下と高齢者の死をもたらす。


本書は、福島第一原子力発電所の事故後に『週刊プレイボーイ』（集英社）誌上で発表された二〇一一年四月二十五日から二〇一六年六月二十七日までの主な記事を編集したものである。同誌の二人の記者である有賀訓と桐島瞬の記事を小川が編集した。編集部の粘り強い勇気ある出版活動に敬意を表したい。

参考文献

電気事業講座編集委員会『電気事業講座七、電力系統』エネルギーフォーラム、二〇〇七。

R・グロイブ、E・J・スターングラス『人間と環境への低レベル放射能の脅威』肥田舜太郎、竹野内真理訳、あけび書房、二〇一一。

J・M・グールド、B・A・ゴールドマン『低線量放射線の脅威』鳥影社、二〇一三。

No. 1

東日本「放射能汚染」考えられる最悪のシナリオ

二〇一一年四月二十五日

もう希望的観測はいらない。福島原発の現状と今後を徹底分析。

放射性物質をまき散らす福島第一原発。収束の〝青写真〟は示されず、情報公開の遅さ、不透明さは国民の不安をかき立てるばかりだ。さまざまな分析が飛び交うなか、いったい何が正しいのか、だれにもわからない。もはや自己判断に頼るしかない以上、〝最悪のシナリオ〟についても知っておく必要があるはずだ。

日本政府の情報隠蔽は、国際的には「北朝鮮並み」

東日本大震災の発生から一カ月。誰もが願う広大な被災地の早期復興を決定的に阻んでいるのは深刻な福島第一原子力発電所事故の現状だ。

連日の激務に疲れきった経済産業省の四〇代の中堅官僚は、やつれた表情でこう語る。

「日本国存亡の危機のなかで、各省庁から官邸にはそれこそ数秒間隔で震災や原発に関する報告が上がり、政府からも『○○について至急報告せよ』と、次々と指示が下っています。でも、そこから先は完全にマヒ状態。すべて緊急の判断を要する案件が総理、閣僚の執務室にあふれかえり、八割以上は何も処理されず塩漬け状態です」

こんな状態だから、緊急を要する原発対策にも深刻な影響が出ている。国土交通省幹部もこう嘆く。

「事故で流れ出た高濃度汚染水も、やむをえない処置として大量放出した低濃度汚染水も、国交省が提案した汚染水を貯めるプールの掘削や大型タンカーの手配を初期段階から始めていれば結果はかなり違ったはず。でも、原発の敷地内は経産省の管轄で、勝手に大穴を掘ったり港湾を使ったりできない。そこに橋をかける調整能力を今の官房は完全に失っている」

対応に追われる東京電力や政府をいたずらに責め立てても仕方ないが、目に見えない「放射能汚染」の広がりはただでさえ疑心暗鬼を呼ぶ。そこに輪をかけているのが情報公開の「遅さ」と「不透明さ」であることに議論の余地はないだろう。

例えば、IAEA（国際原子力機関）から強く非難された日本の原子力安全委員会がSPEEDI（緊急時迅速放射能影響予測ネットワークシステム）の一部データをようやく公開したのは震災から約二週間後の三月二十三日のことだった。

しかし、放射性物質拡散の予測は天候によって刻々と変わるので、本来はリアルタイムで配信しなければまったく意味がない。政府から四月四日に継続的な公開指示が下ってからも、気象庁が配信に手間取り続けている間に、なんとドイツ気象局が日本よりも先に放射性物質拡散予想のネット動画配信を開始したのだ。

メンツ丸潰れの日本の原子力安全委員会と気象庁関係者からは、太平洋や中国大陸方面へ汚染地域が不気味に広がるドイツの配信映像に対して、「分析精度が信頼に欠ける」などと難癖をつける声も出た。

果たして実際はどうなのか？　元放射線医学研究所研究員の古川雅英琉球大学教授に評価をしてもらった。

「このドイツのシミュレーションは、福島第一原発の上空数百mから拡散する放射性物質の動きをスーパーコンピューターを使って精密に予測したもので、十分に信頼できると思います。すでに福島原発事故は日本国内だけの問題ではなくなっており、世界中の科学者や政府関係者、企業が正確な最新データを欲しがっている。ところが、日本の公式機関の発表情報があまりにも乏しいため、やむをえずドイツ気象局が各国の要望に押されて〝実力行使〟に出たのでしょう。これを『外国によるお節介な情報配信』などと軽く考えるのは大変な誤解です」

言うまでもなく、日本の原発による放射能汚染の情報は、事故発生直後から日本の国家機関が責任をもって配信すべきものだったはずだ。これでは二五年前のチェルノブイリ原発事故で情報隠蔽を批判された旧ソ連とまったく同じ立場である。

外務省の若手官僚は、現在の日本の国際的な評価をこう語る。

「事故現場処理がこの先どうなるのか誰にもわからないのは確かですが、現状の汚染度と将来の見通しを諸外国はとにかく知りたい。でも、日本側は核心的情報を教えない。ですから、海外の救援チームには必ず調査員が同行し、おのおのが自国へ情報を送っています。とにかく今の日本政府の情報隠蔽姿勢は、諸外国からは北朝鮮と同様に見られているはずです」

何度も国民を裏切った政府や推進派の希望的観測

日本の国際的評価の低下も確かに深刻だが、差し迫った問題は限られた政府発表の内容が本当に信用できるかどうかということだ。

ズタズタに壊れた原子炉への放水、主電源の回復、汚染水の漏出のストップなど、政府は〝イベント〟があるたびに「これでひと安心」というニュアンスの発表を行なってきた。そして、原発推進派の学者たちも、事あるごとに「ただちに健康に影響はない」「状況は悪くない」「大切なのは、正しく怖がることです」などと、危機感を和らげるよう努めてきた。だが、そうした〝希望的観測〟には事あるごとに裏切られた。福島第一原発はまったく安定化の兆しを見せず、今も綱渡りの状態が続いている。「自主避難勧告」などという責任逃れの指示を出す政府の発表を、無条件で信頼するわけにはいかないだろう。去る四月一日、黎明期から原発事業を推進してきた原子力安全委員会ＯＢや原子力学会の権威的学者など一六人の識者が〝緊急提言〟を発表した。以下の一部を抜粋する。

「はじめに、原子力の平和利用を先頭だって進めて来た者として、今回の事故を極めて遺憾に思うと同時に国民に深く陳謝いたします。（中略）事態は次々と悪化し、今日に至るも事故を終息させる見通しが得られていない状況である。（中略）特に懸念されることは、溶融炉心が時間とともに、圧力容器を溶かし、格納容器に移り、さらに格納容器の放射能の閉じ込め機能を破壊することや、圧力容器内で生成された大量の水素ガスの火災・爆発による格納容器の破壊などによる広範で深刻な放射能汚染の可能性を排除できないことである。（後略）」

原発政策を強力に推進し、反対意見を押しのけてきた彼らがこの声明を発表したことの意味は重い。繰返しになるが、もはや政府の発表を無条件で信じることは難しい。情報を広く集め、いろいろな分析のうち何を信じるのか、個人が判断するしかないのかもしれない。だからこそ、考えうる〝最悪のシナリオ〟についても、われわれは知っておくべきではないか。たとえ、それが杞憂に終わる可能性が高いとしても、だ。震災発生以降、テレビに登場する学者の多くが政府発表を前提に話をする一方で、日本の原発産業とはなんの利害関係もない知識人や研究者たちは、雑誌媒体やインターネットを中心に盛んに意見を配信してきた。そのなかのひとりが、現在アメリカ在住の工学博士である日沼洋陽氏だ。

二八歳（当時）の日沼氏の論文『福島第一原発による放射能汚染の影響』は、次の明快な主張が大勢の注目を集めた。

「福島第一原発の状況は今後悪化することがあっても、基本的に改善することはない。関東・東北地方に居住する四〇歳未満の女性および一八歳未満の子供は、できれば関東・東北を離れてほしい。（後略）」

すでに小規模な再臨界が一度発生していた可能性をも指摘する日沼論文の目玉は、東電と原子力安全・保安院の発表内容よりも大幅にシビアな避難勧告地域の設定だった。福島原発から一〇〇km以内の場所に生活拠点を置くべきではなく、これから妊娠予定の女性、妊婦、児童や乳幼児は二〇〇km以上離れた東京圏にも近寄らないほうがいいというのだ。

避難民の数は三〇〇万人以上に膨れ上がる可能性も

日沼氏は、論文発表以降の最新情報をもとに現状をこう分析する。

「論文を発表したのは三月二十五日で、二十一日から二十三日にかけて福島第一原発の放射線量がピーク値を示し、東京西部の日野市などにも放射性物質が落ちたと思われたため、線量が四倍まで増加する危険性を想定して計算しました。四月六日時点では、ほとんどの計測地点で線量は下降傾向を見せており、東京都民に脱出を勧める危機はいったん遠のいたといえます。

ただ、政府機関も認めるように、今後の事故現場処理がどう進展するかは予断を許しません。東京だけでなく首都圏住民は、絶えず緊急避難の準備と心構えはしておくべきです」

炉心が損傷している証拠であるプルトニウムが第一原発敷地内で検出されたことも、この先に事態が悪化する可能性を示していると日沼氏は言う。今後、制御に失敗して大きな水素爆発や水蒸気爆発が起き、プルトニウムが拡散すれば、退避範囲は福島のみならず宮城、茨城まで広がり、避難民の数は三〇〇万人以上に膨れ上がる。

「そうなると、日本は社会学的にも大激変に直面するでしょう。これまで所属していた市町村などの集団が崩壊していくことは目に見えています。新しい土地で新しい共同体が作られるまでには、いろいろな人間関係上のトラブルもあるでしょう」(日沼氏)

また、大きなパニックを呼んだ水道水の問題も見過ごしてはならない。東京都水道局職員として葛飾区の金町浄水場の基本設計を担当した、小川は次のように警告する。

「首都圏水道の放射能汚染は三月末の数日間だけ騒がれ、すでに危険性がなくなったかのように思われているでしょう。しかし、これはとんでもない話です。たまたま四月第一週は全国的に晴天が続いているため汚染値が下がりましたが、ひとたび雨が降ればまた大騒ぎになります。特に、葛飾区の金町浄水場で放射性物質が検出されたということは、栃木県と群馬県の山岳部からスタートし、首都東京に最も大量の水を供給する利根川水系がやられたことを意味します。もちろん荒川水系、多摩川水系も汚染されましたし、原発事故までは世界最高水質を誇った東京の水道水神話は完全に崩壊してしまいました」

小川は原発事故発生以来、東日本の天候と放射性物質の降下範囲予想をネット上で配信し続けてきた。

「福島第一原発から飛来する危険な放射性物質はヨウ素131やセシウム137だけではない。実は、東電は人体に発がんなどの影響を及ぼす放射性物質を一八種類も検出しているのに、それを原子力安全・保安院があえて問題にしなかったのです。とにかく、福島第一原発はまだ何年も放射性物質を放出し続けます。もうすぐ来る梅雨期には事の重大さがわかるでしょう」

原発処理の青写真が誰にも見えていない以上、この先、何が起こってもおかしくない。「パニックを起こす」と隠蔽された〝最悪のシナリオ〟が、もし現実のものとなったら誰が責任を取ってくれるのか。少なくとも、これらの可能性が指摘されていることは知っておいて損はないはずだ。

No. 2 あまりにヒドすぎる菅政権「福島原発」情報統制の実態

二〇一一年五月二日

ついに政府が福島原発の「事故評価指数」をチェルノブイリ並みのレベル7に引き上げた。これまで情報を小出しにしては国民を不安にさせ、復興の足を引張ってきた菅政権。この情報統制をなんとかしないと日本は前に進めない。

今や日本政府の信頼度は地に墜ちた

福島第一原発による人気中の「放射性物質拡散予測」を三月末まで一般に公表しなかった日本政府が、またもや世界を唖然とさせる行動に出た。

今まで「レベル5」と発表してきた「原発事故国際評価数値」を、四月十二日に最悪の「レベル7」まで引き上げたのだ。これで福島第一原発の深刻さは、旧ソ連で二五年前に起きたチェルノブイリ原発事故と肩を並べることになった。

このレベル7は、放射性物質の放出量が数万テラベクレル以上になったことを意味している。「それほどの放射性物質が出続けた事実を公的に認めるまでに一カ月も要したのは異常」だと『ニューヨーク・タイムズ』紙が批判したように、今や日本政府への国際評価は地に墜ちてしまった。

そもそも、レベル7の根拠となる放射性物質の放出量についても、経済産業省原子力安全・保安院は「三七万テラベクレル」と言い、内閣府原子力安全委員会は「六三万テラベクレル」と言っている。倍近い差があるふたつの公式数字が同時発表されたむちゃくちゃな状態なのだから、それも仕方ないだろう。

チェルノブイリ事故の放射性物質放出量は五二〇万テラベクレルとされているので、日本政府は原子力安全委員会の数字を根拠にチェルノブイリ事故の一割と発表したらしい。ところが東京電力は、政府見解とは矛盾する次の見解を同じ十二日の記者会見で明らかにした。

「放射性物質の放出量からみて、チェルノブイリ事故に匹敵、または超えるかもしれない事故になったことを重く受け止めている」

果たして、どちらの言い分が真実なのか？　事故発生以来、その最も重要な放射能数値計算を重ねてきた小川は、こう推測する。

「原子炉内に残るウラン燃料棒の数についても諸説があり今のところ信憑性が高いのは、一～四号炉のウラン総量は七八一トンで、そのうち約九〇トンが損傷した計算になるというものです。さらに主な放射性物質一八種類のうち、ヨウ素131、132、134、セシウム134、136、137の六種類は三分の一、つまり三〇トンが一カ月以上の間に大気中と海中と施設地下の土壌へ漏れ出たと考えていいでしょう。

それに対してチェルノブイリの放射性物質放出は一〇トンだったので、福島第一原発は一割どころか三倍規模に達し、炉心冷却作業が進行しても完全隔離しない限り放出総量は増大します」

情報統制は復興の邪魔でしかない

実は、三月十四日に福島第一原発三号機が大爆発した直後、すでにフランスの放射能に関する独立調査情報委員会「ＣＲＩＩＲＡＤ」がチェルノブイリを上回る大惨事に発展する可能性を指摘していた。その調査チームが急遽来日したニュースは大きく報道されたが、あとはぷっつりと消息が途絶えてしまった。なぜなのか。

「ＣＲＩＩＲＡＤの調査は信頼度が高く世界中の研究者が注目しましたが、三月十五日の福島県内での放射性物質飛散量が最高で基準値の一千万倍に達し、都内でも十六日夕刻にかけて基準値の一〇〇万倍を記録したという詳しい測定値を国際配信したとたん、その活動を日本の大手マスコミは無視し、公的研究機関もデータ提供をやめたのです。

ほとんどの日本国民は知らないことですが、この時点で日本政府と報道機関が足並みをそろえた極端な情報操作が始まり、世界中から猛烈な反発を受けるようになったのです」（小川）

確かに、日本政府に対して放射能影響予測データの公開を追ったＩＡＥＡ（国際原子力機関）の緊急声明は強い非難口調だった。しかも、その日本政府のあからさまな秘密主義路線は、外国だけでなく国内の研究機関にも向けられたようだ。九州の国立大学理学部に在職するＭ教授は、こう憤慨する。

「われわれは東京大学の学術サイトに頻繁にアクセスして研究を進めていますが、三月末から原子力関連だけでなく地学や気象学など、いくつもの分野でパスワードを持っていてもアクセスができなくなった。

同じ国立大同士でもこのありさまですから、私立大学はもっと困っているようで、学問の独立と自由が保障されない暗黒時代が来たと嘆いています」

また、一般国民の間では反原発集会やデモ参加者の数は増えるばかりだが、実は大手新聞とテレビ局はこの件をあまり報道していない。福島原発事故関連の論文をいくつも日本向けサイトに発表し、注目を集めているアメリカ西海岸在住の物理学者・日沼洋陽氏は言う。

「今の日本の現状は、むしろ外国にいたほうが冷静に分析できます。反原発デモについては反日勢力が暗躍している疑いもあり、報道管制が敷かれても仕方ない面があるかもしれませんが、福島原発事故の本質部分である環境汚染や健康被害の実態に関する隠蔽は、そろそろ目に余る段階にきています」

確定情報しか発表できない政府の立場もわかるが、重大事実を小出しにし続けていると、原発事故の傷口を広げるだけで震災の復興を妨げかねない。

四月十三日には福島県内で、プルトニウムと同じく、極めて毒性の強い放射性ストロンチウムが検出されたと発表があったが、その分析調査は三月十六日から始まり、とっくに結果がわかっていた疑いがある。

さらに、海洋研究開発機構も海洋放射能汚染のシミュレーション画像を四月十三日に初公開したが、これも民主党に仕分けされかかったスーパーコンピューターを使って、早い時期から準備されていた可能性が高い。

はっきり言おう。原発事故のレベル7への格上げに合わせて、いくつもの見え透いた新情報発表が行なわれたことは、どれほどお人よしの日本国民でも気づいているのだ。そろそろ思い切って「最悪のシナリオ」をさらけ出さないと、真の復興へ向かうスタート地点は、いつまでたっても見えてこない。

No.　3

TOKYO放射線量リアルマップ

二〇一一年七月二十五日

福島第一原発事故で放出された放射線は、現実にはどこまで飛んできているのか。本当のことが知りたくて首都圏と東北を独自に調査してみた。その結果、わかったことは驚きの事実だった。

東京の北東部に現れた放射線ホットスポット

福島第一原発事故の発生直後から、政府、東電、行政はウソばかり発表してきた。特に、目に見えない放射能汚染については、どのデータが真実かわからない状態がいまだ続いている。

こうなったら、自分たちで測ってみるしかない。そう思った著者らは、ガイガーカウンターを手に入れ、極秘に独自調査を開始した。

その前に放射線のことを簡単に説明すると、地球上には、もともと〝環境放射能〟が存在する。その出元は、放射性物質を含む鉱物や土、そして空から降り注ぐ宇宙線だ。

しかし、一九五〇年代に始まった核実験とチェルノブイリなどの原発事故で、ここに人工的な放射能が加わった。さらに今回、福島第一原発の事故により、三月十五日ころから放射性物質が放出され、日本だけでなく世界中に広がりつつある。

その放射線照射量を測る最小単位が一マイクロシーベルト（μSv）。その千倍がミリシーベルト（mSv）で、百万倍が一シーベルト（Sv）になる。

仮に一時間当たり一マイクロシーベルトの放射線を浴びれば、二四時間×三六五日で、年間八・七六ミリシーベルトだ。これは健康被害の可能性を考慮した国際基準の一ミリシーベルト／年（mSv／y。これは一時間当たり〇・〇〇〇一一マイクロシーベルト／時にあたる。）をはるかに超えてしまう。

では、そもそも今年三月十五日以前の数値はどのくらいだったのか。琉球大学の古川雅英教授（放射線地学専攻）は言う。

「これは世界各地で差があり、特に放射性物質を多く含む〝花崗岩〟の大地では強めになります。日本列島の測定値についても地質の関係から西高東低の傾向があり、関東地方では東京〇・〇二九マイクロシーベルト／時、神奈川〇・〇二二、千葉〇・〇二九、茨城〇・〇三二、栃木〇・〇三六、群馬〇・〇二八。関西地方の大阪ではプラス〇・〇三〜〇・〇五マイクロシーベルト／時ほどでした。それが三月十五日の東京では〇・八〇九マイクロシーベルト／時にまで急上昇しました。もちろん福島第一原発が原因だと断定できます」

この東京都の環境放射能値は、新宿区百人町の「健康安全センタービル」で測っており、原発事故から約三カ月過ぎた今では〇・〇六マイクロシーベルト／時前後まで下がったと発表されている。

ところが、この測定器は高度一九・八mのビルの屋上にあり、「地面の上で生活する人間にとって、どれほど役立つのか」との疑問の声が強まっていた。

そこで、六月二日に都庁と東京二三区の区役所の地上一mの場所を測定してみると、健康安全センタービル南西約一kmのところにある東京都庁は、東側が〇・二〇〇マイクロシーベルト／時、西側が〇・一二〇、南側が〇・二〇〇、北側が〇・一八七で、南東約一kmにある新宿区役所は〇・一二〇マイクロシーベルト／時だった。

ちなみに、二三区の区役所の最低値は板橋区役所の〇・〇六二で、最高値は葛飾区役所の〇・一三七。二三区平均では、〇・一三七マイクロシーベルト／時だった。

これらの調査データを見ただけでも、公式発表数値の無意味さが浮かび上がる。

そして、その後、東京都内と東側の千葉県を細かく測定していくと、さらに恐るべき事実がわかってきた。

図2が示すように、二三区の測定のうち、〇・二〇マイクロシーベルト／時以上の地域と、それ未満の地域が、かなりはっきりと分かれるのだ。

区役所の数値だけしか書き込みがない北部の練馬・板橋・北、中部の豊島・中野・杉並・渋谷、南部の目黒・大田についても一km四方以下の狭い面積単位で測定を繰り返した。もちろん測り漏れもあるだろうが、それでも、この九区は全体的に数値が低い。

それに対して、二三区の北東から南西にかけての帯状に広がる区には高線量ポイントが集中している。なかでも足立区と葛飾区の数値が高く、〇・三マイクロシーベルト／時以上の場所がある。

図２　東京の放射線量

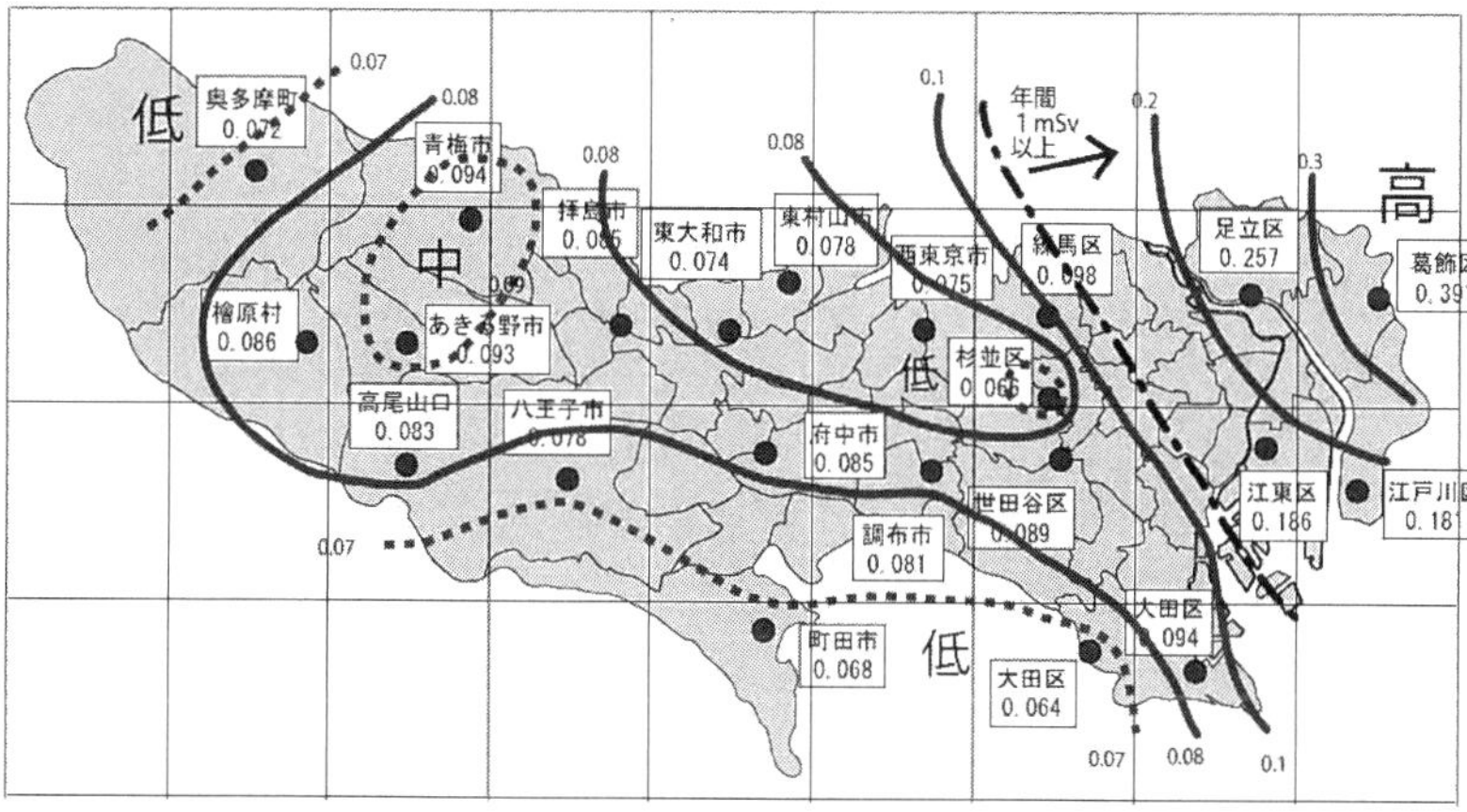

測定日　2011 年５月６日～ 20 日、複数地点、複数日で測定しているものは、高い方の数値を記載

測定者　日本共産党都議団と専門家

測定地点　都内を 10㎞で区切り

測定器　ALOKA PDR‐101 型　ポケットサーベイメーター測定方法　地上高約１ｍで表示数値を 10 秒間で 10 回読み取り（各値は平均値）

あえて地名を挙げると、江戸川沿いの葛飾区「水元公園」と「金町浄水場」周辺では〇・四マイクロシーベルト／時以上を超えていた。

ここでひとつ付け加えておきたい。一九八六年のチェルノブイリ原発事故では、年間一ミリシーベルト以上の地域住民には自主避難が勧告され、五ミリシーベルト以上の地域には全員移住の国家措置が取られた。

ちなみに、東京都は六月十五日から都内約一〇〇カ所の地上一mの場所で大気中の放射線測定を開始した。その数値が都庁のホームページなどで公表されているはずなので、ぜひこの測定値と比べて参考にしてほしい。

しかし、東京都の数値はまだ序の

口である。すでに報道されているように、江戸川を越えた千葉県には限定的に高線量が検出される約三〇km四方の「ホットスポット」がある。その中心地とされる松戸市と柏市ではマップ記入の場所以外に、一・〇マイクロシーベルト／時以上の高数値を示す住宅地やビルの屋上、公園の芝生なども見つかっているのだ。

福島から東京への放射線の流れがわかった

福島第一原発から放出された膨大な量の放射性物質は、千葉県から東京二三区の中心部へ確実に襲い掛かったようだ。

では、今回の測定事実は、科学的にどう説明すべきなのか。

三月十五日直後から、福島第一原発事故の放射能汚染はチェルノブイリ事故を上回り、首都圏へ大被害を及ぼすと警告してきた、小川は、すべて計算で予想がついていた事態だと語る。

「福島第一原発一号炉から四号炉の爆発と火災は三月十二日から十六日にかけて少なくとも四回起き、そのうち十五日の二号炉爆発が関東平野全域と神奈川・静岡県を汚染しました。その物質の正体はコンクリート砕粉に付着した放射性物質で、最初は高度二〇〇〇mほどの空域を飛来してきたと考えられます。

十五日当日の天候から計算すると、六時一〇分の二号炉爆発で噴き上がった放射性物質は、北または北東風に乗って南下し、一〇時ごろに少し風速が衰えたために柏・松戸付近へ降下したことがわかります。

この時点の放射性物質量は二号炉爆発噴出時の一割ほどに減っていたものの、松戸・柏地区を集中汚染させるだけの量は保っていたと考えられます。さらに遠方まで飛んだ軽い汚染微粒子は、一一時過ぎに東京上空、そして正午過ぎに横浜上空、最後は静岡方面まで達しました。

そして、関東上空に滞留した微粒子は、午後から降り始めた雨に混ざり、すべて地上に落ちてしまったのです。

もうひとつ千葉県から東京都内にかけての特定地域に汚染が広がった原因として、国道六号と国道一号、外環自動車道などが風の道となって微粒子の移動を助けた可能性もあるでしょう」

小川の分析をもとにマップを見ると、三月十五日に東京二三区で起きた放射能汚染の実態がリアルに浮かび上がる。

おそらく、東京上空に侵入した放射性微粒子は高度を下げながら千代田区まで到達した。その後、残りの微粒子は新宿副都心の高層ビル群に妨げられて落下し、それでもビル上昇気流に乗った一部が西の武蔵野市方面まで達したのではないか。実際、東京都庁の測定でも、都庁の西側ビル面の下より、福島方向から飛来した放射性物質の直接の影響を受けたと推定される、東側と北側、南側の線量値のほうが圧倒的に高かった。

そして、三月十五日に関東広域で降った放射能雨が、利根川上流域を経て東京都の水道水に混入したこともマップから読み取れる。その水質処理工程で大量の放射性物質がたまり、さらに空からも汚染物質が降り注いだ「金町浄水場」周辺の線量が異常に高いのは当然の結果といえる。

放射線放出ルートで今後も新しい汚染が続く

福島から東京まで約二〇〇km の空を五時間かけて移動した放射性物質。この事実は、今後起きうるさらなる緊急事態にも参考になるだろう。

しかし、原発事故処理の進行状況は相変わらず不透明なままだ。これでは国民が何も知らないまま被曝の危険にさらされるかもしれない。やはり、最も重要なのは福島第一原発で、今何が進行しているかなのだ。

初めて福島の調査をしてから一カ月ほどたった五月末、著者は小川の調査グループと一緒に再び福島に向かっていた。

この調査では、分刻みで線量測定を繰り返しながら東北自動車道を北上した。

郡山インター（〇・七八マイクロシーベルト／時）で国道四九号に入り、約六〇km東の福島第一原発を目指す。そして海抜五〇〇〜八〇〇m前後の阿武隈高地を超え、常葉町（一・〇八七マイクロシーベルト／時）を過ぎると福島原発から半径三〇km圏内に突入。線量は岩井沢で〇・三一二に減少したが、二〇km圏内に入った玉の湯では〇・七七五、一〇km圏間際の大熊町では〇・四四だった。この数値は千葉県のホットスポットと大して変わらない。

検問所で追い返されたため、今度は北上する。すると状況は一変した。放射線量はたちまち二桁台に急上昇し、一〇マイクロシーベルト／時に設定したアラームがビービーと鳴り続けた。

そして浪江町の一〇km圏・道路封鎖地点に到着。前回の取材で使用した線量計では一九・九九で測定不能になったが、今回はどうかと車から降りると、驚くべき数値が記録された！

「三四・一八マイクロシーベルト／時」

さらに、一、二秒間だけ計器は四一・〇〇を示したが、残念ながらこれは写真に撮り損ねた。

この線量の強さは仮に東京都内の平均数値を〇・一〇マイクロシーベルト／時とすると、実に四一〇倍、年間被曝量が三六〇ミリシーベルトとなり、原発労働者の制限値二五〇ミリシーベルトをはるかに超える。

そして、線量計はもう一つ重大な事実を教えてくれた。

この計測ポイントの草むらは前回六、七マイクロシーベルト／時だったが、今回はどこを測っても一〇オーバー。同じ傾向は、ほかの場所でも確認できた。つまり、

「原発事故が収束せずに放射性物質が出っ放しということ。数値上昇は当たり前です。先ほどの岩井沢から大熊町にかけての奇跡的ともいえる低数値は、福島第一原発から直接風が届きにくい地形だったからでしょう。

三月十二日の一号炉爆発と十四、十六日の三号炉爆発では、風が吹き抜けやすい北と北西方向へ放射性物質が広がり、約五〇km先の霊山などの山岳にぶつかってターンしてから、東北自動車道沿いに南下しました。ですから、四つの事故炉すべての放射能放出が止まらない限り、今後も新しい汚染が続いていくと思われます」（小川）

福島市内についても四月末の著者らの路上測定では一・五マイクロシーベルト／時だった数値が、六月十三日に民間の測定グループが発表した数値は二・六だった。つまり、福島第一原発の放射能流出が「横ばい」または「減少傾向」にあるという公式発表は、どうも信じられないのだ。

六月十三日の深夜には、定点監視カメラが四号炉建屋から湧き出す大量の白色ガスと謎の閃光を撮影し、「再臨界か？　水素爆発か？」とさまざまな憶測が飛び交っている。

著者らの測定経験でも、東電が何らかの作業トラブルを発表した翌日や福島方向からの風が吹いた日には、東京都内各地の線量はたいてい一、二割高くなる。

この巨大人災は、今も深刻なレベルで進行中だと理解すべきなのだ。古川教授も、今後の展開について、次のように憂慮する。

「大量放出したセシウム137の半減期三〇年を目安にして、それくらいの年月で福島の自然環境は回復するだろうという見方には大いに疑問を感じます。それは福島だけでなく日本列島全域、地球規模でもいえること。これほど大規模で人工的な環境放射能の上昇は科学史上初めてなので、事故発生から三カ月たった今、無責任な楽観論こそ慎むべきだと思います」

これから何が起きるかは、全く未知数。景気が壊れない限り、今後もひたすら放射線量の増減を監視していくしか救いの道はなさそうだ。

No.　4

東京、ホントの放射線量は5倍以上

二〇一一年八月一日

発表数値と本誌調査が大違い。「一〇〇カ所測定」都庁担当者を直撃。

都はどんな方法で一〇〇カ所調査をしたのか

原発事故から三カ月以上たった六月十五日。都は「東京の放射線量は大丈夫か？」という都民の不安の声に押される形で、都内一〇〇カ所での放射線量を測定し始めた。

その結果は〇・〇四〜〇・〇七マイクロシーベルト／時という数値が半分以上を占め、高いと予想されていた足立区や葛飾区といった地域でも〇・一二マイクロシーベルト／時。最高値は葛飾区花の木小学校（五一）の〇・二〇マイクロシーベルト／時だった。

この調査結果を見て、都民は胸をなで下ろしたであろう。

調査を担当した東京都福祉保健局健康安全部環境保健課の野口かほる氏は言う。

「福島県の調査は二km四方単位で調査をしていましたが、東京都の場合は、それより少し広い四km四方に区切りました。そのなかから人口密度の低い西部の山岳地帯を外し、その分、人口の多い区や市の測定場所を増やしました。

まず、六月十日に各自治体に調査の主旨を説明し、週明けの十三日までに測定場所を決めるようにお願いいたしました。今回の測定場所は都が選んだものではないんです。また、そのときに〝土の上で、周りに木や塀といった測定の邪魔になるものがない場所〟といった条件を伝えました。あとは、日程に沿って課の職員たちが現場に行き測定したんです」

都内一〇〇カ所調査は、かなり綿密な計画の上で行なわれていたのだ。

「すべての測定値で三〇秒間測定を五回繰り返し、平均値で数値を決める慎重な方法を取りました。使った放射線測定器は新宿区百人町の健康安全研究センターにある高性能のものです」

しかし、それでも疑問はまだ残る。一部の都民が独自に計測している数値とまだかなりの差があるのだ。

そこで、試しに一〇〇カ所のなかからすぐ行ける「港区立芝公園」(三) の放射線量を測ってみた。

都の測定によると、地上から一mの高さで〇・〇六マイクロシーベルト/時。地上五cmの高さで〇・〇六マイクロシーベルト/時。

しかし、著者らの調査では、一mの高さで〇・一二マイクロシーベルト/時。五cmの高さで〇・一〇マイクロシーベルト/時という結果が出た。

なんと二倍近い数値の差が出たのだ！　こうなったら「都の調査がどこまで信用できるものなのか、一〇〇カ所すべての放射線量を調べてみるしかない」ということで、再調査することにした。

「測るのは勝手ですから」居直る都の職員

都内一〇〇カ所の計測地のうち、四二カ所は幼稚園や保育園、小中学校などの敷地内なので、勝手に入れば警察に捕まってしまう。そこで、校門の前などで、できるだけ計測地に近い場所で測った。ほかの公園やグランドについても、住民に尋ねて都が測定した位置を探した。また、一〇〇カ所地点だけでなく、その付近の数値も参考までに計測してみた。

その結果、明らかになったのは、都が発表した数値と今回、週プレが測定したもののあまりにも大きな差だった。

二倍、三倍は当たり前。「渋谷区代々木公園」(二七)は地上五cmで、都の測定〇・〇四に対し、著者らでは〇・一九。「日の出町平井町民グランド」(九八)は地表五cmで、都の測定〇・〇五、著者らでは〇・二五。両者の差はなんと五倍に達している。

ちなみに、都の測定値と同じだったのは、「武蔵村山市立第八小学校」(九〇)だけだった。それ以外の九九カ所は、すべて高いのだ。

また、問題なのは測定値の大きな差ばかりではない。例えば、「立川市立諏訪の森公園」(六二)(都の測定値、一m:〇・〇五、五cm:〇・〇六)など、公園の計測地では、数m離れただけで放射線量が〇・〇二以上ハネ上がるケースが続出した。

これでは、都は測定したなかで一番放射線量が低かった数値をあえて選んで発表していると思われても仕方ないのではないか?

	測定場所（計測日：都調査、週プレ調査）	線量率	地表面(地上1m)	
		都調査	週プレ調査	差
51	葛飾区南水元三丁目花の木小学校（6/17,7/2）	0.2	0.3	0.1
52	江戸川区平井四丁目小松川小学校（6/18,7/2）	0.08	0.14	0.06
53	江戸川区東小岩三丁目小岩小学校（6/18,7/2）	0.13	0.18	0.05
54	江戸川区篠崎町八丁目鹿骨スポーツ広場（6/18,7/2）	0.13	0.16	0.03
55	江戸川区中葛西三丁目滝野公園（6/18,7/2）	0.1	0.14	0.04
56	八王子市上柚木二丁目上柚木公園（6/19,6/24）	0.03	0.12	0.09
57	八王子市七国六丁目宇津貫公園（6/19,6/25）	0.03	0.12	0.09
58	八王子市台町二丁目富士森公園（6/19,6/24）	0.05	0.16	0.11
59	八王子市川町高尾の森わくわくビレッジ（6/19,6/24）	0.05	0.08	0.03
60	八王子市犬目町清水公園（6/19,6/24）	0.06	0.14	0.08
61	立川市砂川町砂川中央地区多目的運動場（6/21,6/25）	0.04	0.12	0.08
62	立川市柴崎町諏訪の森公園（6/21,6/25）	0.05	0.08	0.03
63	武蔵野市吉祥寺本町三丁目吉祥寺西公園（6/15,6/30）	0.04	0.09	0.05
64	三鷹市下連雀九丁目市立南浦小学校（6/15,6/30）	0.05	0.1	0.05
65	青梅市梅郷三丁目市立第五小学校（6/20,6/24）	0.04	0.08	0.04
66	青梅市新町五丁目市立新町小学校（6/20,6/24）	0.05	0.07	0.02
67	府中市南町立南町小学校（6/17,6/30）	0.04	0.08	0.04
68	府中市小柳町市立府中第九中学校（6/17,6/30）	0.06	0.09	0.03
69	昭島市昭和町四丁目市立光華小学校（6/18,6/24）	0.04	0.12	0.08
70	調布市小島町一丁目市立第一小学校（6/15,6/30）	0.05	0.08	0.03
71	調布市若葉町一丁目市立東部保育園（6/15,6/30）	0.04	0.12	0.08
72	町田市野津田町鶴川第一小学校（6/21,6/25）	0.03	0.08	0.05
73	町田市三輪町三輪小学校（6/21,6/25）	0.03	0.07	0.04
74	町田市南大谷町田第六小学校（6/21,6/25）	0.03	0.08	0.05
75	町田市図師町図師小学校（6/21,6/25）	0.07	0.12	0.05
76	小金井市本町一丁目市立小金井第一小学校（6/17,6/30）	0.05	0.12	0.07
77	小平市仲町小平第二小学校（6/16,6/25）	0.05	0.1	0.05
78	小平市小川町小平第一小学校（6/16,6/25）	0.04	0.1	0.06
79	日野市高幡ねんも公園（6/19,6/25）	0.05	0.1	0.05
80	日野市旭が丘五丁目旭が丘中央公園（6/19,6/25）	0.04	0.1	0.06
81	東村山市富士見町五丁目都立東村山西高等学校（6/16,6/25）	0.06	0.14	0.08
82	東村山市恩多町四丁目都立東村山高等学校（6/16,6/25）	0.06	0.14	0.08
83	国分寺市日吉町二丁目市立こばと公園（6/17,6/30）	0.05	0.08	0.03
84	国立市富士見台谷保第三公園（6/17,6/30）	0.05	0.07	0.02
85	福生市北田園一丁目先多摩川中央公園げんき広場（6/18,6/24）	0.07	0.14	0.07
86	狛江市和泉本町二丁目市民グランド（6/15,6/30）	0.04	0.08	0.04
87	東大和市奈良橋四丁目奈良橋市民センター（6/18,6/25）	0.05	0.14	0.09
88	清瀬市中里五丁目市立清瀬小学校（6/16,6/25）	0.04	0.1	0.06
89	東久留米市新川町東口中央公園（6/16,6/30）	0.06	0.12	0.06
90	武蔵村山市三ツ藤二丁目市立第八小学校（6/18,6/24）	0.06	0.06	0
91	多摩市落合市立図書館（6/17,6/25）	0.05	0.08	0.03
92	多摩市永山市立東永山複合施設（6/17,6/25）	0.05	0.16	0.11
93	稲城市長峰中央公園総合グランド（6/15,6/30）	0.05	0.07	0.02
94	羽村市緑ケ丘四丁目富士見公園（6/18,6/24）	0.05	0.14	0.09
95	あきる野市二宮市民運動広場（6/18,6/24）	0.06	0.1	0.04
96	西東京市北原町二丁目市立田無第二中学校（6/16,6/30）	0.04	0.1	0.06
97	瑞穂町箱根ケ崎町営グランド（6/18,6/24）	0.04	0.1	0.06
98	日の出町平井町民グランド（6/20,6/24）	0.05	0.17	0.12
99	檜原村檜原村総合グランド（6/20,6/24）	0.07	0.08	0.01
100	奥多摩町氷川町立氷川小学校（6/20,6/24）	0.05	0.1	0.05

表7　都内100カ所の測定値

	測定場所（計測日：都調査、週プレ調査）	線量率	地表面（地上1m）	
		都調査	週プレ調査	差
1	千代田区三番町区立九段幼稚園（6/15,7/1）	0.07	0.14	0.07
2	中央区築地七丁目あかつき公園（6/16,7/2）	0.06	0.12	0.06
3	港区芝公園四丁目区立芝公園（6/22,6/23）	0.06	0.12	0.06
4	港区南麻布五丁目区立有栖川宮記念公園（6/22,7/1）	0.06	0.17	0.11
5	新宿区白銀区立白銀公園（6/15,6/22）	0.07	0.08	0.01
6	文京区大塚三丁目文京スポーツセンター自由広場（6/15,7/2）	0.09	0.14	0.05
7	台東区今戸一丁目墨田公園山谷堀広場（6/16,7/2）	0.12	0.14	0.02
8	墨田区錦糸四丁目錦糸公園（6/17,7/2）	0.09	0.16	0.07
9	墨田区東向島四丁目東向島北公園（6/17,7/2）	0.09	0.12	0.03
10	江東区有明二丁目区立有明中学校（6/18,7/2）	0.06	0.14	0.08
11	江東区東陽三丁目区立東陽小学校（6/18,7/2）	0.07	0.12	0.05
12	江東区住吉一丁目区立東川小学校（6/18,7/2）	0.04	0.12	0.08
13	品川区東五反田五丁目池田山公園（6/19,7/2）	0.05	0.14	0.09
14	品川区西大井一丁目西大井公園（6/19,7/2）	0.05	0.08	0.03
15	目黒区青葉台二丁目区立菅刈公園（6/21,7/2）	0.05	0.16	0.11
16	目黒区碑文谷六丁目区立碑文谷公園（6/21,7/2）	0.05	0.08	0.03
17	大田区中馬込三丁目区立貝塚小学校（6/19,7/2）	0.05	0.12	0.07
18	大田区久が原二丁目区立東調布第三小学校（6/19,7/2）	0.04	0.1	0.06
19	大田区西六郷四丁目多摩川緑地（6/19,7/2）	0.07	0.16	0.09
20	大田区本羽田三丁目区立萩中小学校（6/19,7/2）	0.05	0.12	0.07
21	大田区平和島四丁目区立平和島公園（6/19,7/2）	0.07	0.08	0.01
22	世田谷区野毛一丁目玉川野毛町公園（6/21,7/2）	0.04	0.1	0.06
23	世田谷区大蔵四丁目大蔵運動公園（6/21,6/30）	0.05	0.1	0.05
24	世田谷区北烏山一丁目烏山公園（6/21,6/30）	0.05	0.12	0.07
25	世田谷区代田四丁目羽根木公園（6/21,7/2）	0.04	0.1	0.06
26	世田谷区池尻一丁目世田谷公園（6/21,7/2）	0.04	0.14	0.1
27	渋谷区代々木神園町都立代々木公園（6/17,7/2）	0.04	0.14	0.1
28	中野区本町五丁目公園（6/15,7/2）	0.05	0.12	0.07
29	中野区沼袋丸山塚公園沼袋地域センター横（6/15,7/2）	0.05	0.14	0.09
30	杉並区成田西三丁目区立杉並第二小学校（6/20,6/30）	0.05	0.08	0.03
31	杉並区宮前五丁目区立大宮前保育園（6/20,6/30）	0.04	0.07	0.03
32	杉並区下井草一丁目区立東原中学校（6/20,6/30）	0.06	0.12	0.06
33	豊島区東池袋四丁目日之出町公園（6/15,7/2）	0.06	0.12	0.06
34	北区浮間二丁目西浮間小学校（6/22,7/2）	0.07	0.16	0.09
35	北区王子六丁目明桜中学校（6/22,7/2）	0.12	0.16	0.04
36	荒川区荒川二丁目区立荒川公園（6/16,7/2）	0.08	0.12	0.04
37	板橋区大谷口北町区立大谷口保育園（6/22,7/2）	0.05	0.08	0.03
38	板橋区成増五丁目成増北第一公園（6/22,6/30）	0.05	0.14	0.09
39	板橋区坂下二丁目区立志村第三中学校（6/22,7/2）	0.08	0.14	0.06
40	練馬区石神井台一丁目都立石神井公園（6/22,6/30）	0.06	0.1	0.04
41	練馬区大泉学園町九丁目都立大泉中央公園（6/20,6/30）	0.06	0.12	0.06
42	練馬区光が丘四丁目都立光が丘公園（6/20,6/30）	0.06	0.16	0.1
43	練馬区貫井三丁目都立第四商業学校（6/20,6/30）	0.06	0.13	0.07
44	足立区千住五－２０（地先）荒川右岸虹の広場（6/16,7/2）	0.12	0.16	0.04
45	足立区保木間二丁目元淵江公園（6/16,7/2）	0.08	0.14	0.06
46	足立区舎人公園一丁目舎人公園（6/16,7/2）	0.12	0.23	0.11
47	足立区扇二丁目北宮城町公園（6/16,7/2）	0.08	0.16	0.08
48	葛飾区堀切一丁目南堀切保育園（6/17,7/2）	0.06	0.12	0.06
49	葛飾区奥戸三丁目南奥戸小学校（6/17,7/2）	0.12	0.16	0.04
50	葛飾区高砂七丁目住吉保育園（6/17,7/2）	0.12	0.19	0.07

都の計測で〇・二〇マイクロシーベルト／時と最高値だった「葛飾区立花の木小学校」（五一）も著者らの調査では〇・三〇マイクロシーベルト／時を記録し、その周辺の水元地区は〇・四〇以上の値が出ているのだ。

さらに、今回は番外となった奥多摩湖周辺は、湖畔の植え込みで〇・二三マイクロシーベルト／時を記録。東京の水源地である奥多摩湖がこれほど高い数値だったのには、正直驚いた。

今回の東京都による一〇〇カ所測定には、何か大きな間違いがある可能性がある。

そこで週プレの測定結果を都の担当者に伝えに行くと、怒りが込み上げるような答えが返ってきた。

担当者　マスコミが使う小型のガイガーカウンターは、もともと高めの数値が出るように作られているのですよ。だから、本格的な放射線量の測定にはふさわしくないのです。でも、まあ、測るのは勝手ですから。それに、一般の人には放射線の安全基準がないのです。年間一〇〇ミリシーベルトを超えない限り、健康への影響はないのですよ。

週プレ　じゃあ、こんな低い数値で問題にするな。ゴタゴタ言うなということですか？

担当者　少なくとも、法的には問題ないのです。

週プレ　でも、測定地もホットスポットになりそうなところを、あえて外して測っているような気もするのですが。

担当者　空間の放射線量を測るのが目的なのです。砂場の放射線量が仮に高かったとしても、一日中そこにいるわけではないですよね。

といった具合なのだ。

確かに、われわれは都庁が持つような高性能の放射線測定器は高すぎて買うことができない。しかし、それでも少しでも市民の安全を守りたいがため、安い測定器でも現地調査をしているのだ。

そんななか、東京都の市区町村が独自に高性能の放射線測定器を使って、次々と数値を測り始めた。

例えば八王子市。都の調査では「富士森公園」(五八)は地上一mのところで〇・〇五マイクロシーベルト/時、五cmのところで〇・〇六マイクロシーベルト/時となっているが、八王子市の調査では、一mで〇・〇九マイクロシーベルト/時、五cmのところでも〇・〇九マイクロシーベルト/時と高い数値が出ているという。

ある高線量地域を抱える区の環境課職員が匿名を条件にこう語ってくれた。

「今回の一〇〇カ所測定は、独自に放射線測定している区民が地域の長を通じて都庁に働きかけたことで実現したものです。ですから、都の発表直後には、あまりの数値の低さに「おまえらは都のウソの片棒を担ぐのか」というクレームが入りました。今のところは都に遠慮して、独自調査から一〇〇カ所測定の場所を外している区や市が多いのですが、それをいつまでも許す住民はいないでしょう」

都よ、国よ、お願いだから本当のことを教えてくれ。

No. 5

恐怖の福島第一原発事故〝第2次被曝期〟が始まった

二〇一一年九月二十六日

東日本大震災に伴う東京電力福島第一原発の爆発事故発生から早半年が過ぎた。東日本各地に降り注いだ放射性物質は農業、漁業、畜産業などに大打撃を与え、その他の産業にも被害が広がっている。最も心配な人体への影響も、そろそろ表面化し始めてもおかしくない頃だろう。

その一方で、原発事故現場の処理についてはまったくメドが立っていない。

東電が発表した一～四号機の廃炉計画では、圧力容器と格納容器すべてを水で満たし、溶け落ちた核燃料を回収する「水没法」が提案されている。しかし、そのためには原子炉施設全体に生じた無数の穴やヒビ割れをふさがなくてはならず、この前段階作業だけでも一〇年では終わらないと予想されている。つまり、今後も当分の間は放射能の〝垂れ流し状態〟が続くことを覚悟するしかない。実際、三月の〝大放出〟が一段落した後も東日本の放射線量の数値はなかなか下降気配を見せない。それどころか、夏以降は上昇気配すら見せているのだ。四月末から著者らが実施し始めた各地の定点測定でも、その傾向ははっきりと出ている。例えば、首都圏有数の〝ホットスポット〟として有名になってしまった千葉県柏市の某ビル屋上では、五月十二日に一・〇八マイクロシーベルト／時だった放射線量が、九月六日の測定では二・四八マイクロシーベルト／時にまで上昇。この線量は、九月五日の福島市役所東棟（一・二六マイクロシーベルト／時、福島市の公式発表）の二倍以上だ。

また、逆にこれまでは線量が低かった場所でも大きな変化が表れている。東京のＪＲ有楽町駅と新橋駅の間を結ぶガード下のトンネル歩道は、七月中旬までの定点測定では〇・〇五マイクロシーベルト／時以下という首都圏では最低レベルの数値を保ってきたが、なぜか七月二十六日には〇・二〇マイクロシーベルト／時、九月六日には〇・二七マイクロシーベルト／時と、ここにきて一気に線量が跳ね上がってきているのだ。

七月と八月の二度、明らかに線量が上昇

同じ頃、こうした変化はほかの多くの測定地でも見受けられたため、風や雨による局地的な放射性物質の移動というだけでは説明がつかない。やはり、知らないうちに福島第一原発からの深刻な見えない〝汚染〟が再び広がっていると考えるしかないのか。

三月の事故直後から、事態の深刻さをネット上での論文発表などで訴え続けていた日沼洋陽工学博士は、七月から八月にかけて福島原発で起こった〝何か〟についてこう解説する。

「私は、福島第一原発一～三号機のいずれかで、メルトダウンした核燃料が連鎖的に核分裂する『再臨界』が発生し、四月以降では最大量の放射性物質が施設外に漏れ出たと考えております。時期は七月二十

八日から三十一日ごろと、八月十九日から二十一日ごろの二回。放射性物質の大量流出は、発表数値が実際よりも低めではないかと疑われている東京都や横浜市の線量測定データからもはっきりと読み取れる科学的事実です」

例えば、東京都発表のデータでは、八月十九日の最大線量が前日の約一・四倍となる〇・〇八六五マイクロシーベルト／時を記録。この日には横浜市でも〇・〇五一マイクロシーベルト／時と、こちらは三月末並みの線量が観測されている。

「さらに詳しくデータを分析してみると、七月よりもよりはっきりと数値が上昇している八月のほうでは、規模が大きく継続時間が長い『即発臨界』という分裂反応が起きたと推定できます。これによって大量発生した放射性のセシウムやヨウ素などが首都圏にも達し、線量を増大させたと考えていいでしょう」（日沼氏）

七月と八月は確かに福島から関東方面へ風が吹き込む日が多かったが、それでも放射性物質はコンクリート微粉末などに付着して空高く吹き上がらない限り遠方までは届かない。したがって、八月の線量増加はかなり大きな〝爆発のような事象〟が起きていた可能性もある。振り返ってみれば、東京都と神奈川県の「下水脱水汚泥」から高い数値の放射性ヨウ素131が検出され始めたのも七月後半からだった。ヨウ素131の半減期は八日間なので、三月の臨界で発生したものが七月以降になってから検出されることはあり得ない。

また、八月には都内各区の数十カ所の砂場で安全基準値を大幅に上回る放射線量が測定され、砂を全交換するまで使用禁止の措置がとられた。その砂場のほとんどが七月以前の計測では基準値以下だったこと

構内に置かれた汚染水タンクはついに900基を越えた。デブリの冷却と地下水は止められないため、汚染水タンクは増えつづける。

を考えると、やはり新たに放射性物質が降り注いだと考えるしかないだろう。

このように、福島第一原発では、七月から八月にかけて大きな再臨界が起きてしまった可能性が非常に高いのだ。

“臨界状態”が継続している

では、現在の福島第一原発はいったいどんな状態なのだろうか。日沼氏が続ける。

「一番の問題は、八月後半の大きな臨界の後も東日本の線量が減っていないことです。三月にメルトダウンしていた事実が公式に認められていることと併せて考えると、実際には臨界状態がその後も継続し続けており、今まで必死に食い止めようとしてきた放射性微粒子の大量漏出が、もはや防げない段階に入ってしまったとみるべきでしょう。

八月二十六日には原子力安全・保安院が『事故で漏れたセシウム137は広島型原爆一六八個分に相当する』

との試算値を公表しましたが、これも汚染がすでに止まったかのように印象づけるための苦肉の策としか思えません。現実には、三つの炉すべてが不安定な状態へ向かっているのです」

三月の事故発生以降、東電や政府、保安院は『パニックを防ぐために真実は明らかにしない』という方針を貫いてきたが、時には思わず〝本音〟が漏れ出てしまうようなケースもあった。例えば、菅直人前首相の「汚染地域には長期間、人が住めなくなる」という発言などはその最たるものだろう。そう考えると、「核兵器と原発のメカニズムはまったく別モノ」と主張し続けてきた保安院や原発推進派の学者が、なぜか急に〝ものさし〟として原爆を持ち出してきたことも、偶然とはいえ不気味だ。今後、さらに深刻な核爆発を伴う巨大臨界事故が再発する可能性はあるのだろうか。

古川雅英教授は次のように警告する。

「完全に壊れた原子炉はどこまで〝暴走〟するのか？　幸か不幸か参考になる前例はありませんが、臨界事故でキノコ雲が沸き上がるような核爆発が起きることは科学的には考えられません。ただし、臨界では相当な高温が発生するので、原発施設を吹き飛ばすような激しい水蒸気爆発が起きる可能性はあります」

とすると、七月から八月にかけての急激な線量上昇の原因は、やはり爆発を伴う臨界だったということになるのか。

ところが、日沼氏が推測する〝臨界状態の継続〟が実際に起きているとすると、もっと恐ろしい事態が待っているという。古川教授が続ける。

「連続的な臨界が止まらないと、被曝した人体内に放射性物質を作り出す中性子線が発生します。これが大量に飛び交えば、事故処理が遅れるどころの騒ぎでは済まない。被曝の爆発的拡大という最悪の事態が待っています」

三月の大量放出よりも大きな人的被害を巻き起こしかねない、恐怖の〝第二次被曝期〟がやってくるのか。

東北道と国道四号は放射性物質の運搬路

ところで、このような臨界による大量放出とはまったく別のルートでも、ひそかに放射性物質の拡大が進んでいるという。古川教授はこう指摘する。

「事故の発生から半年が過ぎ、全国の研究者たちが現地調査を進めてきたなかで判明したことがあります。原発周辺地域と遠隔地との間での車両や人の行き来が、予想していた以上に放射性物質を拡散させているようなのです」

原発事故の直後には、福島県の中古車買い取りを拒否したり、二束三文で買い叩く業者が非難を浴びた。ところが最近になって、汚染地域を走り回ったクルマからは実際に数十マイクロシーベルト／時もの高線量が検出されることがわかってきたのだという。もちろん、これをスクラップにして熱で溶かしても、放射性物質が消えることはない。

八月三十日、文部科学省は宮城・福島・栃木・茨城の各県の放射線を空から観測した「航空機モニタリング」の結果を公表した。世間の話題が野田新政権一色に染まっていたため、このデータはほとんど注目されなかったが、細かく色分けされたマップを見ると、放射性物質がどう広がっているかがひと目でわかる。

なかでも注目すべきは、福島県中通り地方から国道四号線や東北自動車道に沿って南西方向、つまり首都圏方向へ向かう汚染ルートだ。小川は、このマップこそが〝二次汚染〟の実態を解き明かすカギになると指摘する。

「四月に気象庁が公開した、三月十二日から十五日にかけてのSPEEDI画像（汚染拡散シミュレーション）にも、すでにこのルートは現われていました。そのため、当初はいわば障害物の少ない〝風の道〟のような場所を、三月の大爆発で発生した大量の放射性物質を含んだ大気が通過したと考えていたのです。ところが、SPEEDI画像よりもずっと後（二〇一一年六月以降）に航空計測された今回のモニタリング図を見ると、このルートによる汚染は三月よりもずっと進んでいる。正直言って驚きました。残念ながら、〝風の道〟効果だけではこれは説明できない。やはり国道四号線と東北自動車道を通る車両の往来が、南西方向へと汚染を拡大させたと考えるしかないでしょう」

確かに、福島地方と首都圏とのクルマの行き来が、事故から時間がたつにつれて激しくなってきたのは間違いない。

「もちろん、東北道はずっと北へも延びています。しかし、震災以降は福島第一原発付近から宮城や岩手へ移動する車両は少なく、北方向への人工的な二次汚染は目立ちません。それに対して、首都圏と福島県の往来車両の方が圧倒的に多いため、中通り地方から南西方向への汚染が飛び抜けて進んでしまったと考えられます。今は栃木や茨城までしかわかりませんが、群馬、埼玉、東京のモニタリング結果が公開されれば、間違いなくこのルートの汚染がさらに南西方向に続いている様子がわかるでしょう」（小川）

こうした人工的な二次汚染は、かつてのチェルノブイリ原発事故でも問題化したというが、それが表面化したのは、何年もたってからの話。ところが、ロシアよりはるかに人口密度が高く、交通量も多い日本では、半年間で明らかに目に見えるほど汚染が拡大してしまったことになる。
「なるべく早い時期に、福島第一原発周辺に出入りする工事関係車両や関係者を徹底的に除染する大規模な施設を作るべきでしょう。そうでなければ、一年後には西日本にまで汚染枠が拡大してしまいます」（小川）
今後、被災地の復興のためには首都圏との車両の往来は不可欠。ところが、まず除染を徹底しなければ、それがさらなる二次汚染を生んでしまう可能性があるということになる。

〝被曝落葉〟が風、雨、雪で拡散

そして、実はさらにもうひとつ、どうにも避けられそうにない二次汚染拡大の危機が、まさに目の前に迫っているという。小川がこう警告する。

「心配なのは秋の〝落葉〟です。福島県の総面積の七割は森林ですから、もう間もなく枯れて地面に落ちてくる広葉樹の葉には、田畑や人の居住地の総量よりも大量の放射性物質が春先からたっぷりと蓄えられているでしょう」

以前、ホームセンターで販売されている腐葉土の汚染が問題視されたことがあったが、この秋は福島県のそこらじゅうで、汚染された葉がいっせいに地面に落ちていくことになる。

「汚染された落葉が地面で朽ちて分解されてしまえば、風に飛ばされたり、あるいは雨で流されたりして、汚染地域がどれだけ広がるかは想像もつきません。当然、これも一部は〝風の道〟の中通り地方に集ま

り、空を飛ぶなり往来する自動車に付着するなりして放射性物質を広く拡散させることになるでしょう」（小川）

冬になれば、東北地方には乾燥した強風が吹き荒れる。そうなれば、いつ、どこに〝ホットスポット〟が出現してもまったく不思議ではない。

「ただ、本当に恐ろしいのは、冬を越えた後に吹く〝春一番〟の時期かもしれません。その頃には、汚染された落葉の多くはミクロン単位に細かくなっている。すると、呼吸によって肺に侵入して内部被曝の原因になります。また、風だけでなく水も要注意です。雨と雪に取り込まれた放射性物質はやがて本格的に地下水を汚染する。すでに東日本では多くの井戸水から放射性物質が検出され始めていますが、冬が終わり、雪解け水が流れ出す頃にそれがどこまで拡大、深刻化しているか。今は目に見えない放射能汚染に見て見ぬふりをしたり、あるいはタカをくくっている人も、イヤでも被曝の恐怖を直視しないわけにはいかなくなってしまうでしょう」（小川）

再臨界、車両による人的な拡散、そして落葉がもたらす自然の拡散。このすべてのルートをふさぐことは、残念ながらどう考えても難しい。政府はすでに土壌の除染方法などを検討し始めているが、今もまさに放射性物質の拡散が続いているとなれば、それはほとんど意味をなさない。あの大事故から半年、今度は目に見えない恐怖の〝第二次被曝期〟がすでに始まっている。

No. 6

放射能汚染ゴミが捨てられない

二〇一一年十月二十四日

どうする首都圏。濃縮・台風一五号・落葉、線量上昇のなか、新たな問題が進行。ようやく行政も認めつつある、首都圏の放射能汚染。しかし、燃やしてもなくならない汚染物質の処理方法は定まらないままだ。これを放っておいたら、首都圏総被曝が始まってしまう。

前節でも報告したように、原発事故による東日本の放射能汚染がいよいよ深刻化しつつある。三月に大量放出された放射性物質によって各地に「ホットスポット」が出現したが、今や危険スポットは東京都内にも広がっている。しかも、三月に汚染が集中した場所に限って総量は強まっているようだ。東京より線量値増加が大きい福島各地を調査してきた神戸大学の山内知也教授（放射線計測学）は語る。

「三月からの経過を見ると、降雨と乾燥が繰り返されたことで、汚染土壌が含んでいる放射性物質の〝濃縮〟が進んでいる場所があります。例えば、福島県庁からすぐ東の小倉寺地区では、六月に七・七マイクロシーベルト／時だった場所が、今では三倍近い二二・〇にまで上昇しています。もっとひどいケースでは、子供たちが行き交う通学路にほど近い水路の泥から、一kg当たり約三〇万ベクレルという驚くべき高濃度数値が検出されました。こうした汚染土壌を放置すれば、間違いなく被曝の危険性も強まっていくでしょう」

三〇万ベクレルの汚染土壌とは、人体が受ける放射線量では三二マイクローベルト／時以上になる。今年三月まで、線量〇・六マイクロシーベルト／時以上の場所は「放射線管理区域」として、人の出入りと汚染物質の移動が厳しく制限されてきた。そこから考えると、今や福島を中心とした東日本全域が〝超法規的〟な異常空間になってしまったのである。

特に、九月二十一日に東日本の内陸を縦断した大型台風一五号によって、福島第一原発の放射能汚染は中部・北陸地方にまで拡散された。そして、たっぷりと放射性物質を吸った落葉が地面のあちこちに吹き寄せられ、強い被曝源と化しつつある。

例えば、著者らが定点測定を繰り返してきた箇所のひとつ、上野・不忍池の落葉だまりでは、福島市の放射線量値（平均約一・三マイクロシーベルト／時）を超える二・〇八マイクロシーベルト／時に達した。ポプラなど面積が大きく薄い落葉ほど放射線量が高いといわれているが、これから木枯らしが吹けば細かい砕片を人が吸い込む恐れもある。

こうした危機的状況が拡大しつつあるにもかかわらず、政府は九月三十日に福島第一原発から半径二〇～三〇km圏内の緊急時避難区域指定を解除した。その一方で、害毒性の強い放射性ストロンチウムとプルトニウムが半径八〇km圏まで飛び散った事実が明らかにされた。また、東電も「現在の注水冷却作業が三八時間止まると〝再溶融〟が起きる」という、不吉な展開をにおわせる予測を発表した。これでは約三万人の避難住民に「自宅に帰るのは不可能」と通告したも同然である。

街を作りかえなければ除染はできない

これまで行政は、高い線量措置を示す地織でも、汚染された土を取り除く「除染」をすれば問題ないと繰り返してきた。これに対し、秋の落葉と台風、そして福島を行き来するクルマなどによる「二次被曝」の危険性を説いてきた小川は、こう語る。

「この除染という言葉も眉唾物だということが明らかになりつつあります。まず、降下した放射性物質の七割が潜む東日本の山林などは現実的に除染が不可能。山の土をすべて掘り返すなど、どだい無理な話だし、さらに、高い線量の下草や腐葉土などをかき集めても、今度はそれをどこに保管するかが大問題になるのです。保管できないなら燃やしてしまえばいいと思うかもしれませんが、落葉たきなどはもってのほか。放射性物質が煙の微粒子と結びついて汚染が広がります。このように、煮ても焼いても食えない上に、半減期が数十年から数百万年もある放射性物質は、とてつもなく処理が困難なのです。今、多くの自治体では一般家庭から出る落葉や伐採樹木の収集を中止し始めているようですが、集めても焼却できないのだから、それも当然のことでしょう。それどころかこの状況はもっと深刻化し、線量が高まった地域では、通常ならば焼却されるゴミ類まで引き取らないという事態も出てくるかもしれません。つまり、東日本のゴミ収集や清掃事業が今冬中に機能マヒする危険性が強まっているのです」

町の除染の効果についても、各地の除染作業の実態を調査してきた前出の山内教授は疑問を呈する。

「福島県内の除染モデル事業地区などでは、こまめに除染を行なっているにもかかわらず、空間放射線量が三割も減っていない地域があります。アスファルト路面やコンクリートブロックの塀、ビル壁面などに染み込んだ放射性物質があるからです。これらは、もはや高圧放水でも取れません。

今行なわれている除染とは、庭の表面の土を取り除き、側溝などの泥をかき出すこと。やっていることは例年の大掃除となんら変わりません。むしろ、それで安心安全を手に入れたと錯覚することのほうが危険。本当に必要な除染とは街の作りかえを伴う汚染構造物の完全撤去という大規模なものになります。でなければ、効果は期待できません」

突然出た八都県貯蔵施設方針

もちろん政府にも、本格的な除染には、荒療治と汚染物質の処理が必要だという認識はあるようだ。八月末に立法化された「環境汚染への対処に関する特別措置法」（以下、特措法）で菅前首相は、東日本の除染で生じた政射性廃棄物を福島県内に隔離する「中間貯蔵施設」を造る腹づもりだった。ところが、これは佐藤雄平福島県知事に拒絶され、暗礁に乗り上げた。なのに九月二十八日、突如として野田新政権は特措法に基づく別の構想を明らかにした。環境省の南川秀樹次官を通じて、

「原発事散の汚染物質は他県に持ち込まず、八都県それぞれに独自の中間貯蔵施設を設置するように求める」

という方針を発表したのだ。

その八都県とは、東京、福島、岩手、宮城、茨城、栃木、群馬、千葉。原発事故の発生以来、その汚染

の広がりと社会的影響について多くの論文を発表してきた日沼洋陽博士はこの新構想の意味についてこう分析する。

「八都県の汚染が、これまで公表されてきた以上に深刻だという事実を政府が認めたということです。九月後半から文科省による航空モニタリング調査データが次々に公開され、多くの人が東日本の深刻な汚染の実情に衝撃を受けました。もはや本格的な除染は福島だけではなく、首都圏も含めた東日本全域で必要なのです」

では、その要請は、いつ正式に八都県へ伝えられるのか？　まず環境省の担当セクション・特措法施行準備チームに聞いてみた。

「とにかく、まだ決定事項ではないので何も具体的な計画は申し上げられません。また、正式な要請時期も決まっていません。ただし、中間貯蔵施設を造る場合、放射能で汚れた土壌やゴミの焼却灰などだけでなく、汚染されたコンクリートなどを安全に保管する機能が必要になると思います」

つまり、燃やして大丈夫なものは焼却するが、その灰はきちんと貯蔵施設で保管する。さらに廃棄物全般も、この施設でいったん預かるようにしろ、というのである。

ただし、中間貯蔵施設といっても、最終処分施設が造られない限り、放射性廃棄物を数十年、場合によっては永久に集中管理することになりかねない。これでは施設建設を要請された側も、「はい、すぐに造ります」とはいかないだろう。実際、八都県の環境担当部署も、正式要請がなければ何も始まらないという当たり前の返答だった。しかし、そのなかで東京都環境局一般廃棄物対策課のコメントは興味深い。

「要請があればもちろん対応しますが、保管廃棄物の内容が決まらなければ何も見えてきません。要請された場合の用地はまだ想像もつきませんよ。例えば、羽田沖にある新海面処分場も苦労の末に実現したもの。東京都としては大切に使っていかなければなりません」

東京のなかでも最も量が多い二三区のゴミは、現在、「お台場」の南側に浮かぶ東京都直轄の「中央防波堤外側埋立処分場」に捨てられている。ただし、そのキャパシティも残り少ないため、一五年前に南側へ拡張され始めた。これが「新海面処分場」だ。しかし、ここも三〇年から四〇年で満杯になり、その後の処分地確保のメドはまったく立っていない。それだけに「大切に使いたい」という都庁担当者の言葉は意味深長である。放射能ゴミ処分場として、すでにリストアップされているのかもしれない。

政府の強権発動で最終処理施設を造れ

すでに東京都の放射能汚染物質の中間貯蔵施設については、いくつかの情報が飛び交っている。そのひとつが、千代田区日比谷公園の地下駐車場。このスペースは数年前に鳥インフルエンザの大流行が懸念されたときにも、数万人規模の感染遺体の仮安置場所にするという噂が流れた。だが、永田町や霞が関、丸の内といった日本中枢にあまりにも近く、ここに放射性物質を詰め込むとは考えにくい。

それでは、人里離れた山林はどうだろう。以前、都水道局の研究員を務めていた小川は言う。

「廃棄物施設は、コンクリートと塩化ビニールシートを基本材料に造りますが、完全な密封は至難の業で、まず確実に地下水汚染が起きる。そして廃棄物が多いほど、放射性物質の微粒子が空気中に漏出する危険度も高まります。

奥多摩などの山間部に処分場がありますが、多摩北部・日の出町の谷戸沢処分場では一九九二年に遮水シートからの汚水漏れが起き、長い間、裁判が続いていました。放射能ゴミを処分するとなると、すさまじい反対運動が起きるでしょうね。

ほかにも、市街地を避けるなら小笠原諸島・小笠原のゴミ処分場も候補になるかもしれませんが、その場合、施設面積が小さいことがネックになります。

やはり、広い面積が確保できる東京湾上を選ぶしか方法はないでしょう。新海面処分場だけでなく、その西の昭和島も候補になるかもしれません。この埋立地には民家もなく約六一万㎢の広さがありますから」

しかし、海の上の埋立地でも、山林と同じく漏えいのリスクがある。

「新海面処分場のすぐ南西側の羽田空港を建設するときにも、〝マヨネーズ層〟と呼ばれた超軟弱な地層が工事を難航させました。新海面処分場をベースに中間貯蔵施設を新造するなら、直下型地震の震度七クラスの衝撃でもヒビひとつできない構造物が必要ですが、これは不可能かもしれない。

要するに、東京都には安全な放射性物質保管施設の立地など存在しないのです。でも、その非現実的な計画を強行しなければならいほど、放射能汚染が八都県に広がっている。政府の中間貯蔵施設を各都県に造れという方針は、そういうことなのです」(日沼氏)

それを本気で推し進めるには、徳川幕府の「天領」のように、政府の強権で特定地域を独占できる新法案が必要だと日沼氏は言う。山内教授も、国の主導が必要だと主張する。

「原発は、国家の主導で無理やりに広大な土地を確保し、お金をばらまいて強い反対をねじ伏せてきました。それと同じことをする必要があるでしょう。保管場所は、きちんと住民に補償をして造らなければなりません」

「セシウム135の半減期は二三〇万年」（小川）なのだから、日本人はこれから半永久的に汚染と付き合っていかなければならないのだ。なのに今行なわれているのは、場当たり的な避難地域解除に実効性の薄い除染計画、八都県の環境担当職員も戸惑うばかりの中間貯蔵施設の要請。しかも、この中間貯蔵施設は原発以上の耐用年数が求められる。急ごしらえで欠陥があれば福島原発事故の災禍を後世へ先送りするだけだ。この八都県それぞれに貯蔵施設を造る案は日本列島の放射能汚染を最大限に防ぐ決め手にはならない。

国が方針を定めないなか、十月四日、ついに恐れていた事態が明らかになった。原発事故直後に県外避難した、福島県の〇歳から一六歳の子供一三〇人を信州大学医学部附属病院が検査したところ、一〇人から放射性ヨウ素の被曝が疑われる「甲状腺の異常」が見つかったというのだ。これも、決断力に欠けた日本政府と、原発事故の脅威から目をそむけてきた大人たちの重大過失である。

そして、濃縮によって線量値が高まる一方の首都圏でも、早く最終処分の方法を決めないと被曝しやすい子供たちを悲劇が襲う。もはや日本は、原発事故問題は少しの先延ばしも許されない緊急段階に入った。その場しのぎの対応に明け暮れる行政に、その認識はあるのだろうか。

No. 7

首都圏ホットスポット

二〇一一年十一月七日

高線量値を各地で計測。やはり濃縮は進んでいた。半月ほど前から続々と見つかっている、首都圏のホットスポット。その中に、自分の住む街が入っていないからといって、全く安心できない。週プレ独自の計測でわかった、首都圏の至るところにある未知のホットスポットの危険性とは。

十月十二日、東京・世田谷区役所は、弦巻の古い住宅前で最大二・七〇マイクロシーベルト／時の強い放射線量を検出したと発表した。ついに東京都でも一マイクロシーベルト／時越えのホットスポットが出現したかと思われたが、後日、この高線量の〝線源〟は、床下に置かれた夜光塗料用の「ラジウム二二六」だとわかった。

しかし、この騒動が収束しかかっていた十五日、今度は千葉県船橋市の公園で、五・八二が測定されたという発表があった。さらに十七日には東京・足立区の小学校で三・九九、十九日には東村山市の小学校で二・一五が出たことが明らかになった。

また、弦巻報道があった十月十二日にさかのぼれば、横浜市港北区のマンション屋上から「ストロンチウム90」が検出され、後に港北区内のほかの二カ所でも同じ物質が見つかった。ここに来て、首都圏は放射性物質で取り囲まれた感じがある。

危険なストロンチウム90

ストロンチウム90とはどんな物質なのか。小川はこう解説する。

「ストロンチウム90は原子炉内でしか生まれない人工物質なので、原発事故現場から飛んできたと考えられます。人体に入ると骨に蓄積し、内部被曝によって、骨髄腫や造血機能障害などの難病を高い確率で発症させかねない物質なのです」

東京電力や政府は原発事故の後、ストロンチウムは重い物質なので遠くに飛ばないと説明してきた。市民による今回の発見でそれが誤りであることがはっきりしたが、国はいまだストロンチウムの調査を行なおうとしていない。

「ストロンチウム90は、ほとんど微粒子に付着して長距離に広がりました。飛散していったのは横浜だけではない。間違いなく関東全域に降り注いでいます。しかも、ストロンチウムや、政府が先月ようやく飛散を認めたプルトニウムが発する放射線は、セシウムやヨウ素と同様に内部被曝により人体に与える影響は強いものです。にもかかわらず、政府はストロンチウムを発表していません。ストロンチウムが各地で発見され、健康被害が問題になることを避けたいのでしょう。今後、東日本に住む人は、強力な放射線による内部被曝を現実問題として受け止めていかねばなりません」（小川）

不気味な上昇を見せる各地の線量

ストロンチウムの発見とともに気になるのが、次々に各地で発見されるホットスポットだ。これらは、原発事故の直後は安全だと思われていた場所が数カ月かけて危険なホットスポットになっていった可能性を示している。

著者らが独自計測を続けている場所に、東京都台東区上野の「不忍池」がある。この池の東側には博物館・美術館と動物園の高台がせりあがっている。ここは、汚れた高台の土が雨水とともに池に向かって流れ込む地形だ。汚染された土は池のそばの側溝にたまり、雨水が蒸発すると濃度が高まった放射性物質が底泥にとどまる。このような濃縮が繰り返されたのだろう。五月下旬に〇・二八だった線量が、九月末には二・〇マイクロシーベルト／時を上回っていた。

五・八二マイクロシーベルト／時が出た千葉県船橋市の「ふなばしアンデルセン公園」についても、雨が放射性物質を一カ所に運んできた可能性が高い。報道によれば、五・八二という数値は、公園にある建物の屋根の雨どいから雨水が流れ落ちていく先の土から検出されたという。

原発を止めなければ除染も意味がない

雨水の流れていく先で線量が高くなるのであれば、次々と発見されたホットスポットはもはや他人事ではない。

　著者らは九月中旬から東京各地の線量を再測定していたが、やはり約八割の定点で四カ月間のうちに線量が三割以上も上昇していた。そして、地上一ｍの高さで〇・二五マイクロシーベルト／時を超える地点では、近くの排水口や落葉だまりなどで一・〇前後の強い〝線源〟が見つかりやすい事実も確認した。つまり、丹念に測定すれば、現在の都心部全域でホットスポットが見つかる可能性が高いのだ。

　さらに、これらの除染も効果がない可能性がある。

　著者らは不忍池と同様に、千葉県柏市のビル屋上も定点観測している。五月時点で線量は一・〇八、それが七月末に一・七〇に上昇し、九月後半には三・〇までハネ上がった。そこで、市は屋根全体の除染を行ない、その結果、数値は〇・三〜〇・四まで下がったが、十月中旬に著者らが再測定すると、驚くことに〇・八五マイクロシーベルト／時にまで再び上昇していたのである。いったいどういうことだろうか。

　ビルの屋上だから、不忍池そばの高台のように、放射性物質を含んだ土が池に流れ集まることはない。つまり、この線量増加は三月に拡散した放射性物質が濃縮したというだけでは説明できないのだ。となると、これはいまだ「冷温停止状態」にすらなっていない福島第一原発が放射性物質を垂れ流しているからとしか考えられない。

　原発事故の深刻さを告発してきた日沼洋陽氏はこう語る。

「福島第一原発は今も停止していません。私は四月以降も、メルトダウンした核燃料が連鎖的に核分裂する〝再臨界〟が起き、放射性物質が施設外に漏れ出ていたのではないかと考えております。確実に起きたと言えるのは、七月二十八日から三十一日頃と、八月十九日から二十一日の二回。七月後半に、東京都と神奈川県の〝下水脱水汚泥〟からヨウ素131が検出されていましたから、この二回よりも前にも再臨界は起きていたのかもしれません。ヨウ素131の半減期は八日なので、三月の臨界で発生したヨウ素が七月に検出されることはあり得ないのです」

ホットスポットをくまなく除染したとしても、再臨界が起きたら首都圏は再び汚染される。しかも、そのなかにはストロンチウムなど、セシウムとは比べ物にならないほど毒性の強い物質が含まれている可能性が高い。福島第一原発が停止し完全密封されない限り、首都圏で安心できる場所などないのだ。

No. 8

現実の地震の影響か福島市でセシウム降下量が急増したワケ

二〇一二年一月三十日

放射能汚染に悩む福島県で、ある〝異変〟が観測されたのは、一月二、三日の両日のこと。

「福島市に降り注ぐセシウム134とセシウム137の量が劇的に増えたのです。その量は一㎢当たり、二日が四三二メガベクレル、三日が一二六・一メガベクレル。合計すると、昨年十一月の一カ月分のセシウム降下量の一・五倍です。一月九日には二八・六まで下がりましたが、依然として注意が必要です」（地元紙記者）

確かに、二〇一一年七月十九日の一三四〇メガベクレルをピークに、福島市のセシウム降下量は減っている。例えば、クリスマスの十二月二十五日の量は四メガベクレル。

そのため、全国の各都道府県のセシウム降下量の観測結果を公表していた文部科学省は二〇一一年十二月二十六日分のデータ発表を最後に、それまでの毎日更新をやめ、月に一度の更新に切り替えたほどだった。

ところが、それから一週間もたたないうちに、まさかの高数値復活。文科省は福島県に限って毎日更新の再開を余儀なくされたのだ。

落ち着いていたはずのセシウム降下量がなぜ急に増えたのか。

気にかかるのは元日の地震だ。鳥島近海を震源とするマグニチュード七クラスの大型地震で、福島第一原発周辺でも震度四を記録した。セシウム降下量はこの元日の地震直後に増えている。怪しい。古川雅英琉球大学教授も心配する。

「元日の地震は深さ三七〇kmの深発地震で、大きな横揺れが特徴でした。この揺れで原発施設がダメージを受けたのでは。特に心配なのは放射性セシウムなどを大量に含んだ水で満たされた四号機の使用済み燃料プールです。実際に、プール脇に隣接するタンクでは急激に水位が低下しています。地震で水漏れなど、危険な状態になった恐れは否定できません」

ところが、こうした心配の声に東京電力の広報担当者は記者会見でこう答えた。

「原発施設にトラブルはありません。一日、三日のセシウム降下量の激増？　風などで舞い上がって、一時的に降下量の変動が生じただけなのでは」

この観測を発表してきた文科省の原子力災害対策支援本部の担当者も、著者の取材に対してこう語る。

「地面に落ちていた放射性物質が風などに巻き上げられ、それが測定されたのではないでしょうか。二日、三日のデータを測定した福島県の職員に聞くと、測定器の中に土の塊のようなものが混入していたそうですから」

両者とも、元日の地震による福島原発施設のトラブル→セシウム飛散→周辺地へのセシウム降下量激増の可能性をあっさり否定するのだ。これに前出の古川教授が憤る。

「一月二、三日の降下量の激増が、一度落下したセシウムが風で舞い上がり、測定器に入ったことによるものなら、セシウムは土壌や砂、枯れ葉などの細粉に付着している状態のはずで、分析すればすぐにわかる。なのに、なんの調査もせずに、風による舞い上がり説であっさり片づけてしまう東電や文科省の発言は、その場しのぎの無責任発言としか思えません」

国民は政府や東電の発表を信じることができないでいる。これでは除染など、福島の復興はおぼつかない。信頼を回復するためにも、こうした〝異変〟が観測されたときには徹底した事実究明、説明に力を尽くすべきなのに、それがまだわかっていない。いったい何枚レッドカードを突きつければ、〝原子力ムラ〟の無責任体質は改まるのだろう。

No. 9

フクシマを襲う「水汚染地獄」

二〇一三年十月二十一日

福島沿岸七〇㎞エリアは完全放棄か。

放射性汚染水の大量漏出、地下水流による海洋汚染の拡大、今春から福島第一原発では〝水〟をめぐる問題が深刻化し、事故処理作業の大きな障害になっている。しかし、この「水汚染」は、約七〇〇×四〇〇mの福島第一原発構内に限った話ではない。一昨年三月に阿武隈山地へ降り注いだ大量の放射性物質が、河川と地下水によって運ばれ、南北約七〇㎞の福島県沿岸へ本格的に移動し始めているのだ。世界が注視するフクシマ「水汚染地獄」の現状を、専門家と一緒に取材した。

事故収束作業は絶体絶命の状態

まずはじめに、福島第一原発の現状は大きく分けてふたつの超難問にぶつかっている。

ひとつは、メルトダウンした炉心の冷却作業で果てしなく増え続ける「放射能汚染水」の問題だ。東電発表では、汚染水は日量四〇〇トン以上に達し、貯蔵用の地上タンク群と多重シート構造の地下水槽を増設して対応してきた。しかし、これらのタンクは急ごしらえで非常に出来が悪く、あちこちに生じた亀裂やボルト接合部の欠陥などから、これまでに推定数百トンの汚染水が漏出して構内の地面に染み込んだとみられている。

地上タンクの外回りには漏水をためるガード堰もあるが、二〇一三年九月十六日の台風一八号接近時には豪雨で堰があふれ、大量の汚染水が排水溝から海へ流れた。また貯蔵タンクの不備だけでなく、十月一日には作業上の手違いで地上タンク一基から約四トンの汚染水が漏れ、やはり地中へ消え去った。今後こうしたトラブルが重なり、欠陥だらけのタンクが一基でも壊れれば、作業現場にすら立ち入れなくなる恐れが出てきている。

さらにもうひとつの難題が、福島第一原発構内の地中を東に向けて流れ、海岸低地の原子炉施設内へ流入する「地下水」への対策だ。東電によれば、原子炉施設の地下と海側遮水壁の井戸からくみ上げてタンク群へ移送する汚染水のうち、実に七、八割は自然の地下水だという。つまり、この地下水流をコントロールできれば汚染水の大幅減少と海洋汚染の防止に役立つが、具体策として挙がった「凍土遮水壁」と「地下水バイパス」の設置が十分に効果を発揮するかどうかについては、疑問視する意見が多い。

今回の現地取材に同行した桐島瞬は、今も構内で働く労働者たちの声を反映して、こう感想を述べる。

「仮に凍土遮水がうまく応用できて原子炉建屋への地下水流入を防げても、絶えず阿武隈山地から海へ向けて移動する地下水流すべてを止めるとは考えづらい。爆発当時に高線量の破片が降り注ぎ、さらにタンク漏水などで汚染が進んだ福島第一原発構内と周辺の地中を通る地下水が、公式見解のように清浄であるはずがないのです。

事故直後から東電と政府は汚染水の海洋放出を意図していましたが、今日までの事故処理段階であまりにも多くのトラブルが起きてきたので、うわべだけでも海洋汚染防止の努力姿勢を示しているのでしょう。しかし実際には今後も汚染地下水は太平洋へ流れ続けるので、いよいよ生態系への悪影響などを本気で心配すべき段階に入ったとみるべきです」

二〇一三年三月十四日に起きたネズミ一匹による「二九時間大停電事故」に次いで、福島第一原発構内では九月五日にも破局に直結しかねない重大事故が起きた。三号機屋上の瓦礫撤去作業中に、大型クレーンの半分が突如として倒壊したのだ。その原因は潮風によるクレーン鉄骨の腐食だとされているが、高さ一二〇mの排気（ベント）塔の中間部でも、同じく腐食による大規模倒壊の危険性が明らかになった。殺人的高線量を放つ排気塔が倒れれば、間近の一、二号機建屋の事故処理作業は数十年間は不可能になる。もちろん一触即発の危機は、四号機「使用済み燃料保管プール」についても同じである。「要するに、事故発生から二年半で福島第一原発の収束作業は絶体絶命の手詰まり状態に陥りつつあるのです。対策をしては失敗の連続で、その間も作業員は無用な被曝を強いられているわけですから、不満の声も高まっています」

（桐島）

南相馬市の横川ダムで、一二五マイクロシーベルト／時の高線量

今、福島第一原発の敷地内で進行する深刻な事態は、残念ながら一般国民には監視が不可能だ。特に地下水の流れ方や量については、東電発表をうのみにするしかない。その目に見えない福島の自然現象につ

いて、小川は、こう説明する。

「井戸水にも使われる地下水は、深さ三〇mくらいにある水を通しにくい粘土層の上を、重力に従って時速数kmほどの流速で移動します。福島第一原発の構内でも同じで、放射能にまみれた西側の土壌を抜けてきた汚染地下水は、海抜の低い所に立つ原子炉建屋とタービン建屋の地中を通り、その大部分は海へ流れます。ただし、福島第一原発の港湾から直接に海へ出るのではなく、だいたい沖合五kmまでの海底（水深三〇m前後）から泉のようにわき出ています。その流量は東電の推定（日量数百トン）よりもはるかに多く、原発施設群が面した海岸線から概算すると日量五万トン以上になります。これを東電が過小評価に発表してきたのは、海洋汚染に対する国際社会の批判をかわすことが目的だったのかもしれません」

ともかく、この想像以上に大規模な放射能地下水による海洋汚染は福島第一原発だけでなく、その南側二〇kmから北側五〇kmの福島県沿岸全域で同時進行中だと小川は言う。どうして、広野町から相馬市にかけての沿岸約七〇kmが地下水汚染エリアだとわかるのか？「それは二〇一一年三月に最も大量の放射性物質が降った、内陸約二〇kmを南北に貫く阿武隈山地の汚染域の広がりから推定できます。この二年半のうちに、阿武隈山地から東西方向へ放射性物質の絶え間ない移動が続いてきました。この移動を促しているのが、山地から下る多くの河川と地下水の流動なのです」（小川）

河川に流れ込んだ放射性物質は河床の土や藻などに付着しやすいが、過去二年半の大雨や台風の増水時には濁流となって海に押し流された。また山の斜面でも、雨水による放射性物質の複雑な移動と乾燥による「濃縮化」が起きてきた。今回の現地取材では、この七〇km汚染域の中央にあたる南相馬市の山中で、明らかな証拠を目の当たりにした。これまで桐島が測定取材を続けてきた同市原町の西側山中にある「横

35メートルの丘から見た3号機。構内には凍土遮水壁の凍結液を送るブライン配管が縦横無尽に走っていた。

川ダム（海抜約三〇〇m）」付近で極めて高い放射線量が計測されているというのだ。その場所を小川とともに訪れると、なんの変哲もない道路脇の草むらで、線量計が瞬間的に「計測不能」を表示したのだ（検出限界二〇マイクロシーベルト／時）。そこで、より検出限界値の高い線量計で計測すると、盛大にアラームを響かせながら一二五マイクロシーベルト／時を示した。この二年半に著者らは多くの汚染場所を計測してきたが、これは最高記録の線量値だった。桐島によると、

「一時は東京都内などの約六〇〇〇倍に達する放射線量三〇〇マイクロシーベルト／時を超えました。これほど高線量の場所に出くわしたのは、私も福島第一原発構内の外では初めてでした」

山間部の放射能汚染が地下水を通じ海洋汚染へ

この危険極まりない草むらは横川ダム上流の渓流沿いにあった。小川の分析によると、「道路の山側か

ら雨水とともに流出した放射性物質が路上草地で滞留し、ダム湖へ流れ込む前に乾燥濃縮したものです」とのこと。南北約二五㎞の南相馬市の山あいには、横川ダムと同じく阿武隈山地を水源とする河川やダムがいくつもある。それらの場所でも似たような濃縮による高線量化が出現している可能性は高い。

それにしても、なぜ今頃そんな不気味な高線量現象が目立ち始めたのか。その原因は、簡単には解明できないかもしれないが、福島第一原発事故で大量発生したセシウム134の半減期（約二年）が過ぎた今も、阿武隈山地には想像を絶する量の放射能が居座り続けていることは確実なようだ。さらに無視できないのは、これらのダム河川から下った水が南相馬市の農業用水や生活水道水に利用されていることだ。ところが、小川の説明は少し意外な内容だった。

「上水道についていえば、浄水場の中にいくつもある沈殿槽に放射性セシウムは沈殿し、上澄みの水は濃度が低下します。したがって被曝地域の自治体などが発表している上水道セシウム値のND（不検出）表示にはそうした背景があります。

それに対して、山間部の渓流などから引いた水を貯水タンクを通しただけで使う簡易水道は、ほとんどの放射性物質がスルーして内部被曝の原因になります。もっと気をつけるべきは今後、汚染が進行する井戸水です。

東日本広域に降ったセシウムは地中への浸透速度が遅く、現在は多くが表層一〇～一五㎝に沈着しています。しかし今後も浸透は止まらず、地中深く浸透し地下水流で移動し、井戸水にも混入します。今はNDでも、これから先には井戸水からも横川ダム上流の高汚染スポットのように、ある日突然、高濃度の汚染が検出されるケースが増えてくると考えられます」

整理すると、これまで阿武隈山地では斜面に降った放射性物質が河川に集まり太平洋へ流出する汚染パターンが先行してきた。しかし今後は、地中に浸透したセシウム一三七（半減期三〇年）などが本格的に井戸水へ入り込む危険性があると小川は言っているのだ。この地下水汚染は阿武隈山地西側の中通り地域でも進行するが、東側の浜通り地域へ向けて地中を移動する地下水のほうが圧倒的に汚染水量が多く移動速度も速いという。「地下水脈に混入したセシウムなどの放射性同位元素は厚い土壌で遮蔽され、地上では検知できません。河床に大量にたまった放射性物質についても、上を流れる水が強力な遮蔽効果を発揮します。そのため、現在の福島県沿岸部の線量値は低め安定傾向にありますが、これは見せかけの平穏状態なのです。日常空間からの外部被曝量は減っても、今後は上水道・井戸水による人体の内部被曝、農作物の慢性的汚染、そして何よりも福島沿岸を中心とした海洋汚染の本格化こそ、最も憂慮すべき事態といえます」（小川）

福島の地下水で急激にトリチウムが増加

今も放射線が高い山間部を中心に、多くの地域が無人化した南相馬市。その苦境のなかで、地域の農作物を含めた食品全般・飲料水・土壌などのベクレル数値測定を行なってきた民間機関「放射能測定センター・南相馬」を訪れた。

この測定所では、多くの市民の協力で相馬市全域の放射線量測定を年二回ペースで行なってきた。その努力の結晶といえる汚染マップは五〇〇m四方のメッシュで細かく色分けされ、回を重ねるごとに線量は低下してきた様子がわかる。

しかし小川は、二〇一三年四月の汚染マップと前回の二〇一二年十一月のマップを比較して、重要な事実を指摘した。海岸に近い市街地などでは、全体的な線量低下傾向の一方で、二〇一二年十一月にはなかった三カ所の汚染メッシュが今年四月から新たに出現しているのだ。この徹底した市街地除染に逆行した現象こそ、ゆっくりと地表を流下してきた汚染水の仕業ではないか。もし次の測定マップでさらなる汚染メッシュの増加が確認されれば、やはり本格的な二次汚染の開始を疑う必要がある。

阿武隈山地に降った放射性物質の中には、半減期が数万年以上のプルトニウムなども含まれ、α線による「内部被曝＝発がん」の恐れがある。そうした毒性の強い汚染地下水が太平洋へ抜け出るのは阻止できなくても、陸上での二次汚染拡大と住民の内部被曝はなんとしても防がねばならない。でなければ、阿武隈山地の超巨大放射線管理区域と隣り合った福島沿岸部七〇㎞は、住民の復興にかけた努力もむなしく居住不適地となりかねないのだ。

さらにもうひとつ、福島第一原発構内の汚染水流出で注目されるようになったβ核種に「トリチウム（半減期約一二年）」がある。これは水素原子三個分の放射性物質で、水を作る水素原子と簡単に結合する。その結果、水（H_2O）そのものがβ線を発する^3H_2Oに化け、呼吸や飲食ばかりか皮膚からも吸収されて、速やかに全身の細胞内へ入り込む。このトリチウムは検出が難しいため毒性についての研究が遅れていたが、細胞内に入るともともとの水素をヘリウムに変えて遺伝子を破壊し、特に脳内の脂肪組織にたまりやすい事実がわかってきた。またトリチウム化した水は海水より軽く、すぐに蒸発して大気中にも広がりやすい。

そして問題なのは、ここにきて福島第一原発の地下水から非常に高いトリチウム値が出始めた事実だ。

二〇一一年の後半には福島第一原発港湾から採取した海水のトリチウム値は、最大二四〇〇ベクレル／リットルだったが、二〇一三年九月八日には四二〇〇、同二十四日には一四万～一七万、十月一日には一九万を示した。この急激な数値上昇は、何を意味するのか。古川雅英教授に質問してみた。

「自然界の岩石中などにもトリチウムは含まれ、通常の原発運転でも大量に生成されます。だから今になって福島第一原発の地下水から高濃度のトリチウムが出てきたとは、メルトダウンした核燃が高温を保ち、水などと接触して活発に反応している可能性が挙げられます。また爆発事故当時にも大量のトリチウムが生じて各地に降下したので、地中に溶け込んだトリチウムを次々に取り込んだ地下水が福島第一原発の地下へ達したという見方もできます。トリチウムの分離除去は今のところ不可能なので、毒性については未解明点も多いのですが、この放射性物質が地下水で急増している事実は無視できません。とにかく東電は地下水の採取と分析を続行して、トリチウムの発生原因を徹底的に追究するべきです」

原発の災害規模と健康被害を正直に発表せよ

水に化けやすいトリチウムがほかの核種と一緒にまき散らされたなら、阿武隈山地から東へ流れる汚染地下水もまた、この厄介な性質の放射性物質をタップリと含んでいるはずだ。要するに福島で起きている「汚染水地獄」は、内部被曝で遺伝子を壊すトリチウムなどβ核種の脅威も含んでいるのだ。

ところが福島県はまったく違った方向へ突き進んでいる。例えば、取材期間中の九月二十五日に福島県漁連は長らく中断していた試験操業を再開した。福島第一原発から北へ約四五㎞離れた松川浦漁港もいつになく活気づき、漁民たちの表情は明るかった。その雰囲気に水を差すのは重々承知で、漁業関係者に尋ね回った質問は一点、「取った魚の安全性についてどう考えるか」だ。

取材した五人のうちふたりは、すぐに表情をこわばらせ、「大丈夫に決まっているから漁に出たのさ」と答えた。しかし残るふたりは「試験操業だから、今はなんとも言えない」と言葉を濁らせ、ひとりは「自分では食うが、まだ当分は家族に食べさせるのはやめておく」と答えた。これは福島の米作り農家などと似た反応で、生産者たちは心の中では疑念を抱きながらも「食べて応援」の政府方針に沿った行動をとっている。

三月十五日に高濃度の放射性物質が降った伊達市の山間部には、かつて盛んだったシイタケ栽培の原木が今も放置され、譲ってもらったシイタケを桐島が精密測定したところ、セシウム134、137の合計で六八四ベクレルと出た。これは二〇一一年の汚染最盛期の福島産農作物の検査結果と比べても非常に高い汚染数値である。むろん福島県内ではセシウム吸収力の強い路地キノコの栽培・出荷を自粛する地域が多いが、「米」となると事情は違ってくる。実りの秋を迎えた今年の福島県内では、明らかに昨年よりも黄金色の稲穂ひしめく田んぼが増え、農協関係者の「必死の覚悟で福島県産米を全国に売る！」という宣言も話題になった。しかし、同時進行する畑地や牧草地の除染作業ではぎ取った汚染土壌のフレコンバッグが田んぼの間近に並べられた場所も多い。その光景は超現実的で、冷静に考えれば狂気に近いものが感じられる。

こうした福島県の二〇一三年秋を、桐島は次のように総括する。

「これは仕方ないことですが、原発事故から今日まで、計測しやすいセシウムなどのγ線核種だけを汚染の判断基準にしてきたことが、さまざまな混乱を招く原因になってしまったと思います。これまでは半減期約二年のセシウム134のおかげで、目に見えて線量の減少が進んできましたが、この先は減少カーブは横ばいに近い状態が延々と続いていきます。さすがに今ではγ線とβ線、外部被曝と内部被曝の違いなどの知識が広がり、将来の成り行きを最も気にしているのは福島県民なのです。深まるばかりの福島の苦悩を理解せず、ただやみくもに復興復旧の旗印を掲げてきた政府と行政機関も、やはり袋小路に迷い込もうとしています。もう危険は去ったので安心せよという、一方的で安易な説得ばかりを押しつけてきたお上に対して、逆に福島県民の不安感と怒りが一気に爆発しかねない状況が近づいている気がします。ここでぜひとも必要なのは、福島第一原発の災害規模と健康への影響を一切の脚色抜きで明らかにすることです。『もう大丈夫』ではなく、このままでは福島県の広い面積が二次三次汚染に見舞われるので、それを回避するには何をすべきかという明確なビジョンが日本再生の決め手になる。これを実現するには、とにかく安心安全の前言を撤回する勇気が日本政府に必要です。海への汚染水流出は完全にコントロールされているという安倍首相の欺瞞発言で地に落ちた日本の信用も、その場しのぎの言い訳では回復できない段階にきています」

福島第一原発事故の外国取材チームと密接に接触してきた桐島の提案を、政府は重く受け止めるべきだ。今回の取材では、福島第一原発から北へ約三km離れた小高川河口地帯にまで取材の足を伸ばした。放射性物質の多くは砂浜深く潜っているようで、最初に計った線量は〇・〇一〇マイクロシーベルト／時だが、原発方向から強い風が吹くと一瞬で二倍、三倍と数値が変動した。これは一昨年末の汚染最盛期に千葉県柏市でも経験した現象だった。今も福島には、決して環境中にあってはならない見えざる「毒の風」が吹き続けているのだ。

No. 10

「汚染水ダダ漏れ報道」に慣れてしまった自分と世間は大丈夫

二〇一四年三月二十四日

これまで漏れた汚染水に含まれる放射性物質の総量は原爆数個分どころじゃない。原発事故から三年が経過した今でも、一向にやむ気配のない汚染水漏れ報道。当然、事故当初からの深刻な状況は今も続いている。けれど我々は、度重なるニュースにどこか慣れ始めてはいないだろうか。本当にコワいのは、汚染水漏れより、ほかならぬ慣れっこになってしまった僕らなのかもしれない。

二四兆ベクレルの放射性物質の意味

「脱原発」を訴えて戦った細川護熙＆小泉純一郎連合軍が東京都知事選で惨敗を喫した十一日後の二〇一四年二月二十日、首都から約二二〇km離れた東京電力福島第一原子力発電所で深刻な汚染水漏れ事故が起きたことが発表された。

汚染水をためる地上のタンクからあふれ出した水の量はおよそ一〇〇トン。それも、ベータ線を放出する放射性物質を一リットル当たり二億四〇〇〇万ベクレル含んだ超高濃度の汚染水だ。

一リットル当たり二億四〇〇〇万ベクレルといわれても、想像しにくいかもしれない。今回の事故で漏れ出した汚染水が一〇〇トンなら、その中に含まれる放射性物質は二億四〇〇〇万の一〇万倍。すなわち二四兆ベクレルという計算になる。

「この二四兆ベクレルというのは、一〇〇トンの汚染水から一秒間にベータ線が二四兆個飛んでくるということです。しかも、ベータ線を出すセシウム137やストロンチウム90はベータ線を放出した後に、さらにベータ線やガンマ線を放出しながら崩壊が進みます。このベータ線とガンマ線を合わせるとこの事故だけでもとんでもない放射線量になると考えられます」

と語るのは琉球大学の古川雅英教授。

この「二四兆ベクレル」は、どのくらいシビアな数字なのだろうか？　京都大学原子炉実験所の小出裕章助教によればこうだ。

「広島型原爆一個がまき散らした放射性セシウムの量がおよそ八九兆ベクレルです。ストロンチウムの量はそれより少し少ないぐらいと考えればいいでしょう」

今回漏れた汚染水に含まれる放射性物質の量が原爆一個分よりは少ないとはいえ、とんでもない量であることは間違いない。前出の古川教授は、今回の事故を次のように危惧する。

「実際に汚染水がどのような形で漏れたのか、詳しい状況はわかりませんが、仮に地面に漏れたのであればそれなりの範囲と深さで土壌に吸収されているはずです。当然、現場の放射線量も高く、それが作業にも影響するので、汚染された土壌を完全に取り除くのは容易ではありません。また、汚染が原発の敷地内にたまっていればいいのですが、海に流れ出る可能性もゼロとはいえないでしょう」

だが、そうした深刻な事故が起きているにもかかわらず、世間の反応はそれほど大きなものとは感じられない。

ちなみに「フクイチ」で大規模な汚染水漏れが起こったのは、これが初めてではない。東京オリンピックの招致活動が大詰めを迎えていた二〇一三年八月にも、やはりタンクから約三〇〇トンの高濃度汚染水が漏れ出して大きな問題になった（漏れ出した汚染水に含まれる放射性物質の量は当初、一リットル当たり八〇〇〇万ベクレルと発表されたが、一四年二月に入ってその一〇倍の一リットル当たり八億ベクレルに修正された）。また、二〇一三年四月には地下貯水槽から約一二〇トン、十月には施設内の淡水化処理装置の配管から約一一トンが漏れ出し、作業員六人が被曝と、ここ一年だけに限っても、ほぼ毎月のように新たな「汚染水漏れ」が明らかになっている。ところが今ではそんな状況にすっかり慣れてしまい、「汚染水漏れ程度」では驚かないという人も多いのではないだろうか。

だが、今、こうしている間にも福島第一原発では大量の汚染水が発生し、貯蔵タンクに収められた汚染水が今や四〇万トンを超えていることを、そして一部の汚染水が地下水を通じて、海へと流れ続けていることを、果たしてどれだけの人が正しく理解しているのだろうか。

汚染水ダダ漏れが続く福島第一原発の現状

福島第一原発では、メルトダウンした原子炉内の核燃料を冷やすために、今も大量の水が原子炉圧力容器内に注入され続けている。冷却のために注がれる水の量は一日当たり約四〇〇トン。これが、日々生み出される高濃度汚染水のいわば「原液」ともいえるものだ。

そして、この冷却水ですら、お世辞にも「コントロールされている」とは言い難い。事故から三年を経て、ようやく遠隔操作のロボットによる原子炉建屋内の調査が始まり、注水された冷却水が原子炉格納容器から漏れ出している様子が数カ所、やっと確認されたにすぎない段階だ。

「冷却水が漏れている箇所が特定されるのは大切なことですが、原子炉建屋内の放射線量を考えると、仮に場所が特定できても、具体的な対策を施すのは現状として難しいでしょう。結局、どんなに汚染水が増えても、炉心に水を注ぎ続けるしか手段がないというのが現実なのです」（前出・古川教授）

それは今後も一日約四〇〇トンの高濃度汚染水が福島第一原発一～三号機の内部で発生し続けるということを意味している。

さらに厄介なのは、この約四〇〇トンの汚染水に加えて、推計で一日当たり約四〇〇トンの地下水が、原子炉建屋やその隣のタービン建屋、原発敷地内のトレンチなどに流れ込み、冷却のために注入された水と合わさって、合計八〇〇トン近い汚染水が、日々発生しているという点だ。

東電側の資料によれば、核燃料冷却のために注水される四〇〇トンは、セシウム除去などを行ないながら循環させて利用し、地下水流入分の一日四〇〇トンに相当する汚染水は一時的に貯蔵タンクに移しながら、放射性物質の除去を行なうことになっている。あくまで計画上ではそうなっているのだが、実際には回収されず、「行方不明」になって漏れ出している高濃度汚染水が少なからずあるとみるのが現実的だろう。

事実、福島第一原発の敷地内に掘られた観測用の複数の井戸からは、最大で一リットル当たり五〇〇万ベクレルという高濃度の汚染水が検出されており、汚染水の一部は土壌から海側へ向かう地下水流に混入し、海に流出している可能性が高い。

この二年ほど、福島原発の港湾内で放射性トリチウムの濃度がほとんど下がらないのは、地下水を通じて継続的に海への放射性物質の流入が続いているためだと考えられる。それが事実だとすれば、今後、より人体への影響が大きいとされるストロンチウムやセシウムなどが、海に流れ込む危険もあるという。

また、冒頭で紹介した二〇一四年二月九日の事故が示しているように、現在、タンク内に貯蔵されている大量の高濃度汚染水の扱いも大きな課題だ。

東電は現在、大小合わせて一〇〇〇基以上、総貯蔵容量にして約四三万トンある汚染水タンクを、二〇一六年三月までに八〇万トンまで増設する計画だというが、日々増え続ける汚染水の量を考えると、今後もギリギリの綱渡りが続くことは間違いないと思われる。

今回、一〇〇トンにも及ぶ高濃度汚染水があふれ出した直接の原因は、すでに満タンになっていたタンクに、誤って汚染水を流入させるというバルブ操作のミスが原因といわれている。しかし、いつ誰がその操作を誤ったのか、その具体的な経緯すらいまだに確認できない。そんな状況下で、四〇万トンを超える汚染水が管理されているというのが、今、福島で起きている現実なのだ。そう考えると、多くの人がボンヤリとイメージしている「原発事故の収束」とは、はるかに遠いモノであることがわかるはずだ。福島第一原発の現状は、そうしたプロセスのずっと手前のいわば「緊急事態」のままなのである。

三年という月日の流れが風化させる福島の現実

3・11の震災からすでに三年が過ぎ、特に「被害の当事者」でなかった人たちの中では、あの日の記憶も、そして原発事故に対する緊張感も確実に薄らぎ始めているように感じる。

インターネットなどの手段を駆使して、少し神経質すぎるほどに原発や放射能汚染の情報を収集し続ける人たちがいる一方で、毎日のように目にする汚染水漏れ報道に感覚がマヒしてしまい、それをいつしか「日常」の一部のように感じ始めている人たちもまた、多いのではないだろうか。

だが、すでに述べたように、福島第一原発の敷地に並ぶ一〇〇〇基以上のタンクの中には、それひとつで広島型の原爆数個分に相当する高濃度汚染水が満たされているものもある。タンクで貯蔵されているだけでも約四〇万トンに達し、今もなお増え続けている汚染水全体ではいったい、原爆何個分になるのだろうか、想像するだけでも気が遠くなる。

そして、核燃料の冷却に使われた一日当たり約四〇〇トンもの汚染水が原子炉の格納容器から滝のように漏れ出ているということを、原発から遠く離れた場所に住む人たちも知っておくべきだろう。

そう、原発事故から三年を経た日本はいまだに「緊急事態」にある。そのシビアな現状認識なしに我々がこの国の未来を考えるなら、それは間違いなく大きな過ちを繰り返す道へとつながっていくはずだ。

汚染水の問題だけではない。あの原発事故で故郷を奪われ、家族や仕事や、生活の基盤を失った多くの人たちがいること、その人たちの苦しみが今なお続いているという事実。そうしたことを、震災から三年という時間のなかで、我々はいつしか慣れたり、風化させたりしてはいないだろうか。

今から三年前、福島で起きたことの重みを、そしてその傷痕が今もなおこの国と、この国の人たちを傷つけ続けていることを、決して忘れてはいけないのだ。

No. 11

東京四三カ所「放射能汚染」定点観測マップ

二〇一四年三月二十四日

三年間の線量定点観測で明らかになった。

上野不忍池は今でもケタ違い、意外と数値が高い千代田区・港区。

東日本大震災の津波被害で福島第一原発が爆発を起こし、放射能がバラまかれて三年。以来、プレイボーイ誌は東京都心部の放射線量をこまめにチェックしグラフ化してきた。その推移をあらためて検証すると、東京の放射線上昇が福島第一原発でのトラブルと関係ある可能性が出てきた。三年たっても事故はいまだに収束していないのだ。

三年間にわたって都心四三カ所で線量調査を実施

三年前の「福島第一原発事故」で大気中に放出された放射性物質は、原発周辺を〝死の土地〟に変え、二〇〇km以上離れた首都圏をも汚染した。

都庁のモニタリングポストは二〇一一年三月十五日深夜に観測史上最高の放射線量値〇・八〇九マイクロシーベルト／時を記録。ただし、その測定装置は都庁近くの都健康安全センター（地上二七ｍ）にあったので、地表近くではもっと数値がハネ上がったに違いない。

その実態を記録した公式資料はどこにも存在しないが、いくつもの民間情報を照らし合わせると、十五日深夜から十七日にかけての都心部では、地表一ｍ高で二〜三マイクロシーベルト／時、柏市や我孫子市などの千葉県北西部地域では五〜一〇マイクロシーベルト／時ほどの高い線量値が続いたようだ。

では、原発事故が起きる前の数値はどうだったのか？　主に「放射線医学総合研究所」が一九六〇年代から一九九〇年代前半にかけて実施した「全国線量調査」では、都内が〇・〇二〜〇・〇三マイクロシーベルト／時。また一九九二年に柏市中心部の小学校校庭で民間測定された数値も、同じく〇・〇三マイクロシーベルト／時だった。その平均値を「〇・〇二五マイクロシーベルト／時」とすれば、新宿の測定値〇・八〇九マイクロシーベルト／時で三二倍、一〇マイクロシーベルト／時だと四〇〇倍に急上昇した計算になる。

一一年三月十二日から月末にかけて福島第一原発からバラまかれた放射性物質には、半減期が約三〇年のセシウム137だけでなく、大量のヨウ素131（約八日）とセシウム134（約二年）も含まれていた。そのため時間経過とともに放射線は弱まり、「原子力規制委員会」の最新発表によると、原発事故から三〇カ月がたった二〇一三年九月には、原発八〇㎞圏内の平均線量（地上一ｍ高）は約半分の四七％にまで減ったという。

実際、都庁のモニタリング数値も、今では事故以前に近い〇・〇三五〜〇・〇四マイクロシーベルト／時の範囲内にまで下がっている。

さて、この半減期どおりに各地の線量低下が進んでいるのなら、うれしい限りだ。しかし、今回の原発事故では、政府・行政機関の異常なまでの隠蔽や安心安全キャンペーンが目に余った。公式発表値を決めるモニタリングポストにしても、多くが低線量の場所を選んで設置した疑いも浮上している。そうした事実を忘れて、「もう放射能の危険は去った」と、手放しで喜ぶわけにはいかない。

というわけで、著者らは原発事故後から今日まで、ひとつの研究プロジェクトに注目してきた。それは前述の「全国線量調査」にも関わった環境放射線の古川雅英教授と有賀訓による、都心部放射線量の「定点測定調査」である。古川教授から、このプロジェクトの概要と目的を説明してもらおう。

「新宿のような固定式のモニタリングポストは一カ所だけの線量値変化を測り続けますが、私たちの調査は、都心幹線道路の路上、交差点、駅前、公園入り口など、多くの人々が行き交う屋外の日常空間にたくさんの測定ポイントを設けました。それら定点ごとの放射線量を長期間にわたって記録していけば、やがて都心部全体の原発事故後の線量変化が見えてくると考えたからです。この調査には事故後に一般に普及した簡易式の線量計を実験的にメインに使い、その測定精度については上級機種と比較チェックしています」

定点測定地は皇居を中心とする東西南北の地域に配置され、それぞれのエリアの数値変化を記録しながら徒歩計測してきた。場所は都内四三カ所と千葉県柏市内二カ所の計四五カ所で、線量数値を棒グラフに表した（九〇頁以下のグラフ参照）。著者はこの研究プロジェクトで実際の測定調査を担当してきた。定点測定の開始時期は、小型ガイガーカウンターをやっと手に入れた一一年の四月末だった。この線量計は数値が高めに出る傾向があるため（グラフ値較正《こうせい》済み）、六月後半からは都庁が都内の各自治体へ緊急配布し

表８　東京都心線量定点観測ポイント

これら都心部と千葉県柏市内の計45ヵ所の定点観測ポイント以外に、それぞれ移動途中の放射線量なども連続的に記録してきた。都内定点は地上1m高で約30秒間測定（使用機器「DoseRAE2 PRMJ200」）。上野不忍池、柏市内ビル屋上は地面、コンクリート床面を直に計測（併用機器「CK31」30秒×10回計測平均値）。較正機器「ALOKA-PDR」（琉球大学）、「ALOKA-TCS-171」（弘前大学）

東京都心線量定点観測ポイント

①高橋是清公 R246側入口	⑬専大前交差点・みずほ銀行前	㉕溜池交差点・コマツビル前	㊲権田原交差点・外苑前
②港区役所赤坂支所前	⑭神保町交差点・たばこ店前	㉖虎ノ門交差点・清和ビル前	㊳四谷三丁目交差点・消防署前
③赤坂見附交番前	⑮秋葉原ドン・キホーテ前	㉗新橋駅日比谷口交番前	㊴JR千駄ヶ谷駅前
④弁慶橋中央部	⑯JR御徒町駅北口	㉘日比谷公会堂前	㊵JR新宿駅南口
⑤清水谷公園入口	⑰上野不忍池・東岸地面	㉙農林水産省正門前	㊶JR新宿駅中央東口交番前
⑥衆参両院議長公邸前	⑱JR上野駅正面口	㉚東京地方裁判所前	㊷渋谷ハチ公像前広場
⑦全国町村会館前	⑲赤坂五丁目交番前バス停	㉛国会前交差点北側	㊸三軒茶屋交差点・世田谷通り口
⑧皇居半蔵門交番横	⑳TBS赤阪サカス入り口	㉜皇居桜田門前	㊹JR柏駅南口改札前
⑨千鳥ヶ淵公園中央部	㉑六本木交差点交番前	㉝銀座並木通り・プランタン銀座裏	㊺柏市千代田一丁目ビル屋上
⑩戦没者墓苑入り口	㉒六本木ヒルズ北側路上	㉞東京駅丸の内中央口前	
⑪北の丸公園・靖国通り入り口	㉓飯倉片町交差点	㉟新青山ビル1F屋外木製ベンチ上	
⑫九段下交番前	㉔山王下交差点西側	㊱青山一丁目交番前	

たのと同じ機種（シンチレーション式）に替えた。

この線量計も完璧ではないが〇・一五マイクロシーベルト／時以上の表示値から精度が高まることを確認し、そのまま表示値をグラフ化した。事故から半年ほどは被災地取材も多く、都内の定点観測も初期には四カ月以上の期間が空いたケースもあった。しかし一一年末からは定点一カ所につき最短で一週間、最長でも一カ月間隔のローテーションで測り続けている。ただ、線量に誤差の出やすい雨と雪の日はやらない。

都心汚染は原発事故から約一年後にピークに達した

古川教授の研究テーマとは別に、有賀は福島第一原発の事故処理現場で続発するトラブルや緊急事態なども都内の線量値変化に表れるのではないかと考え、測定に取り組んでいた。ところが、それらしき反応をつかむ前に、思いもよらぬ驚きの現象をグラフが示し始めた。

もし放射性物質が関東各地へ大量に降った一一年三月後半から四月中旬に定点測定をスタートしていれば、当時の棒グラフは異常な高さになり、その後五月〜六月からは半減期の短い放射性元素の影響で、少しずつ〝右肩下がり〟に減っていくだろうと予測していた。しかし現実は逆で、定点四五カ所のうち三〇カ所の棒グラフは測定開始から〝右肩上がり〟に上昇し続けた。

それればかりか、最初は下降していた七カ所と、グラフの高さが横並びの〝平行型〟で始まった八カ所も、やはり一一年秋頃から線量値が急角度で上昇。原発事故後の約九カ月から三カ月に当たる二〇一一年十二月〜二〇一二年四月にかけて、都内定点四三カ所のうち三九カ所が線量値ピークに達した。地上一ｍ高測定の最大値は港区元赤坂「⑤清水谷公園」の〇・二五マイクロシーベルト／時だった。

また、この期間にピークを記録しなかった四定点のうち二カ所、「⑭神保町交差点」と「⑪北の丸公園入り口」でも、二〇一二年二月には二番目に高いピーク値（神保町〇・一八マイクロシーベルト／時、北の丸〇・二〇マイクロシーベルト／時）が出ている。この二〇一一年十二月〜一二年四月の都心線量値が上がった理由はなんなのか。古川教授はこう語る。

「この研究では、少なくとも五年分の測定資料を集めてから総合的な検討に入りたいので、原発事故の約一年後に都心の線量が最大に達したという現象について、今の段階ではまだ突き詰めた結論は出せません。しかし、〝放射性物質の量が増えなければ線量値も高まりはしない〟という単純な事実があることは確かでしょう。事故前に都内線量が〇・〇二〜〇・〇三マイクロシーベルト／時あったのは、土壌・岩石が含む放射性物質から放出されるわずかなガンマ線の影響、つまり自然界の放射線量なので、よく話題にされる冷戦中の核実験や一九八六年チェルノブイリ原発事故の汚染の影響は微々たるものだったと思います。なので、二〇一一年十二月からの線量上昇問題は、福島第一原発事故と直結した研究課題として今はキープし、私はその先に起きた現象に視点を移したいと思います。新たに注目しているのは、二〇一二年後半からグラフの動きが周期性をもった波のような形になってきたこと。それに加えて二〇一三年夏・秋頃の線量値は順調に下降線をたどっていたのに、今再び、全体傾向として右肩上がりに転じていることが少し気になります」

事故現場でトラブルが起きると都内の放射線量が上がる

一方、原発の事故処理現場でのトラブルと都内の線量値変化に因果関係があるのではと推理し、次のよ

1　高橋是清公園R246側入り口（31m）

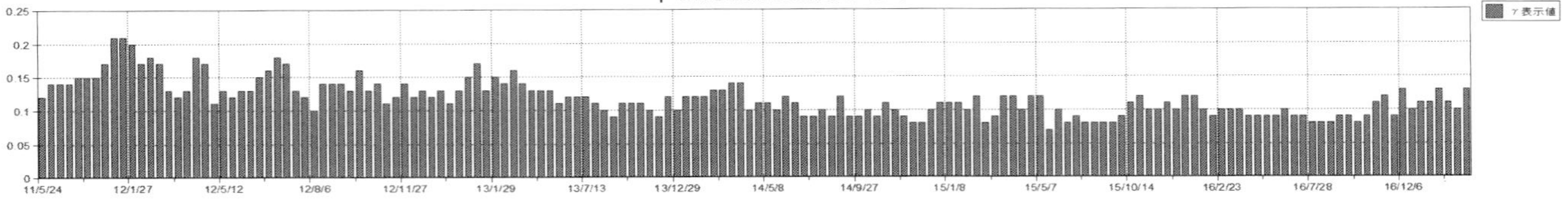

2　港区役所赤坂支所前（29m）

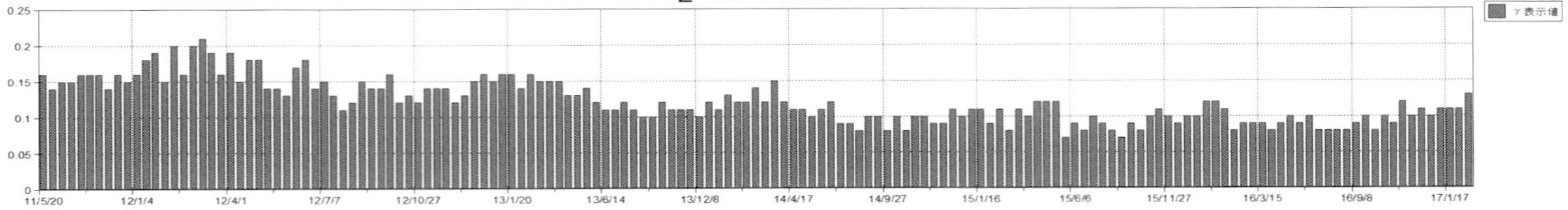

3　赤坂見附交番前（10m）

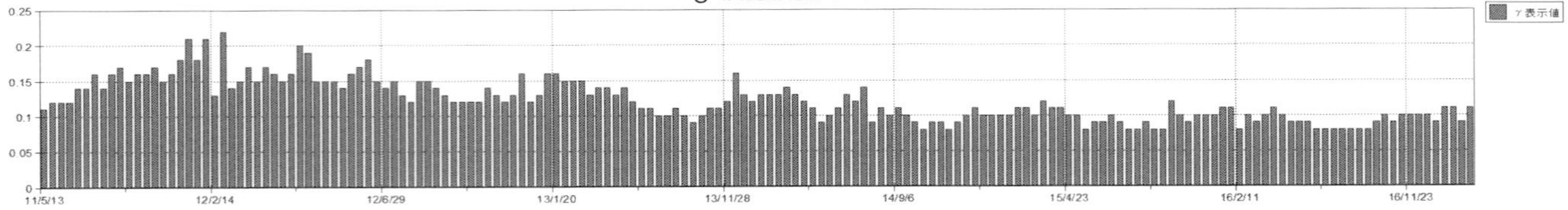

4　弁慶橋中央部（14m）

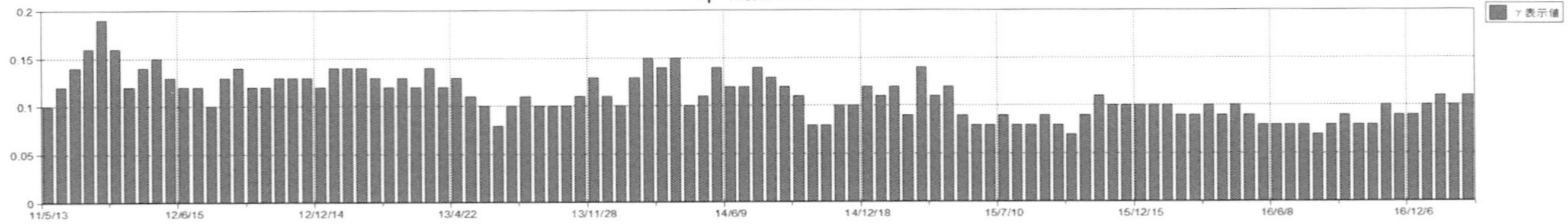

5 清水谷公園入り口（13m）

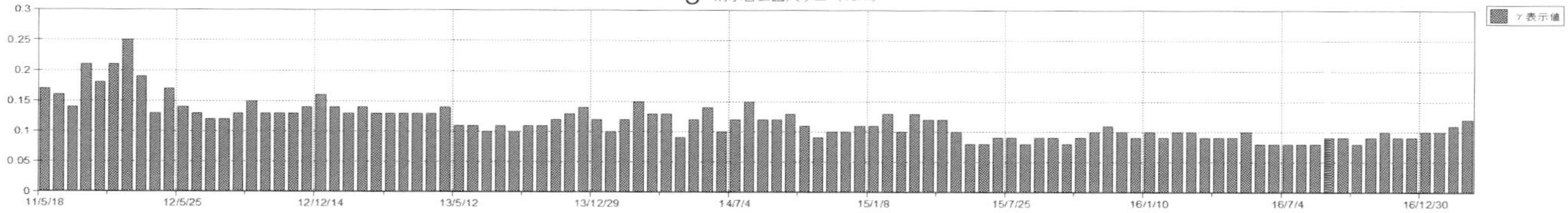

6 衆・参両院議長公邸前（26m）

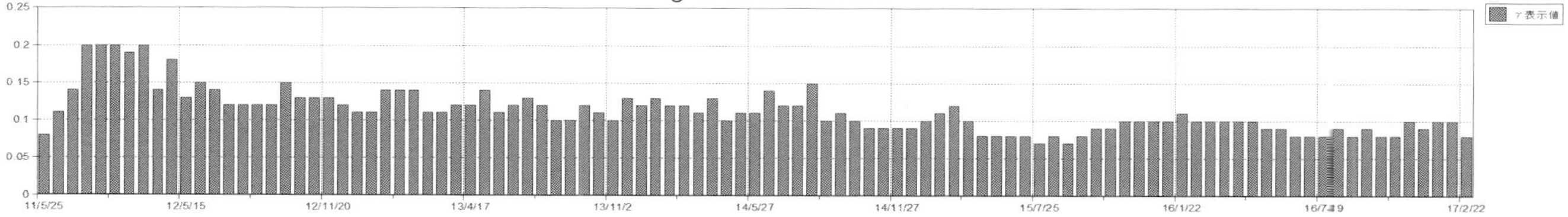

7 全国町村会館前（20m）

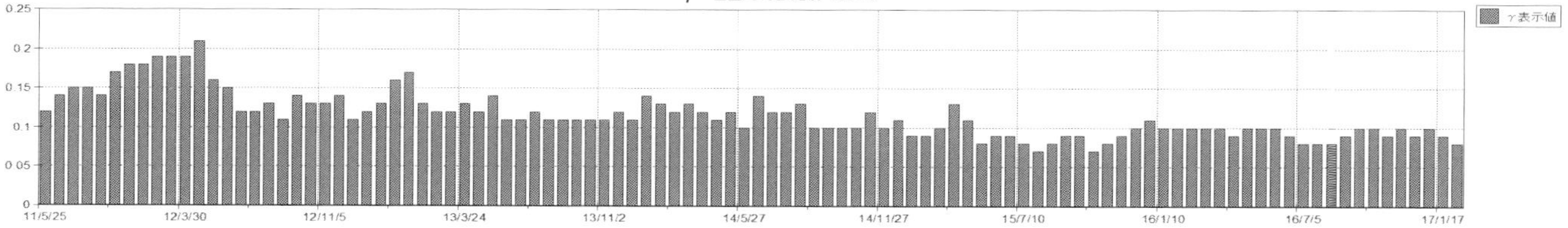

8 皇居半蔵門前（29m）

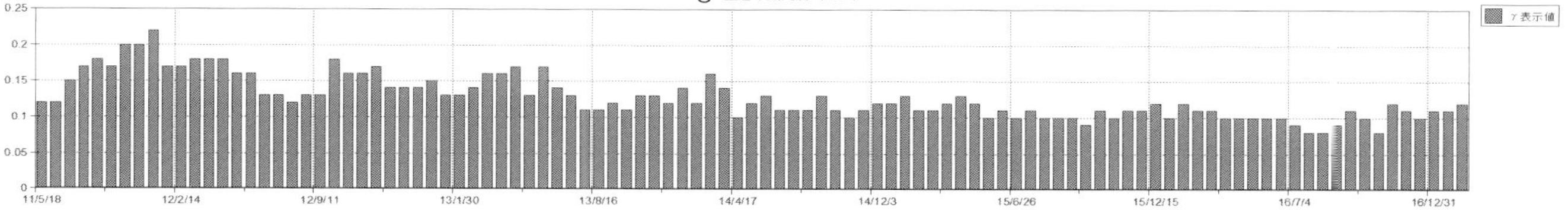

9 千鳥ヶ淵遊歩道中央部（２９m）

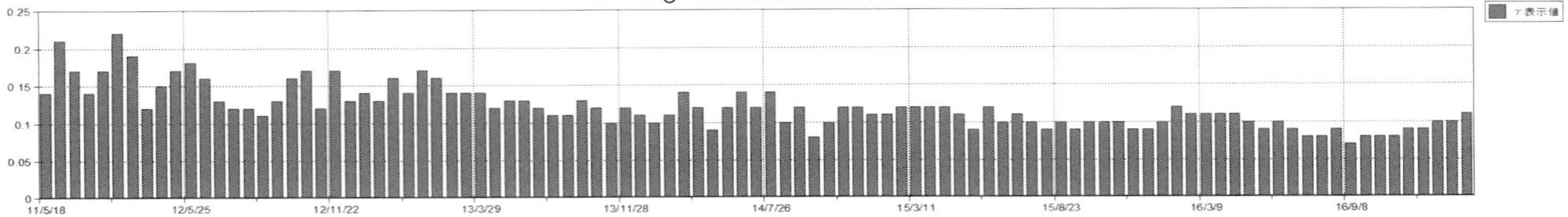

10 戦没者墓苑正門前（21m）

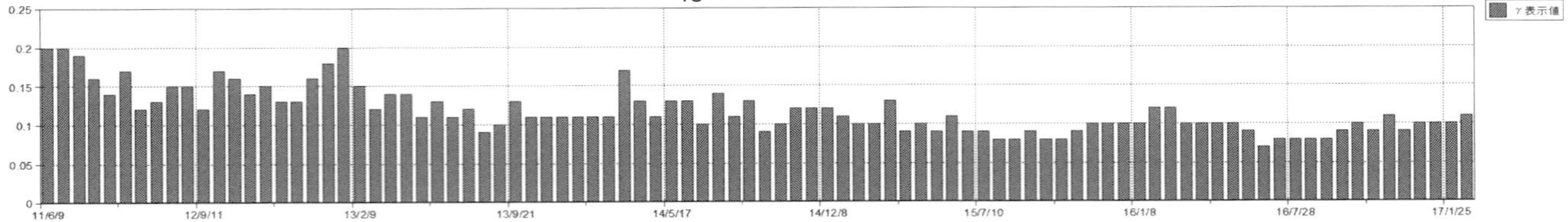

11 北の丸公園・靖国通り側入り口（19m）

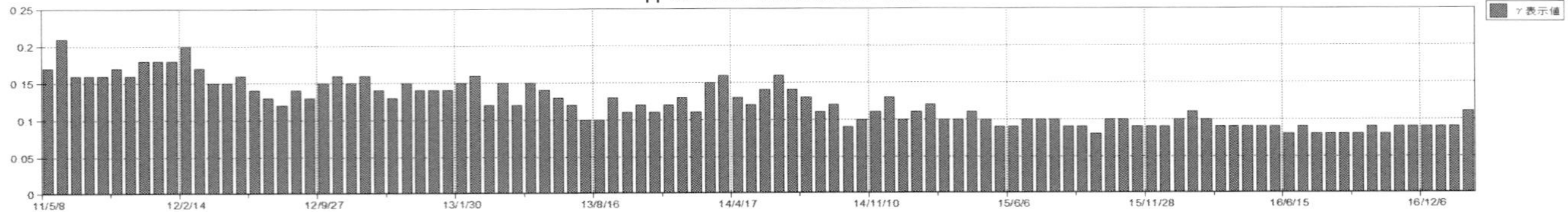

12 九段下交番前（8m）

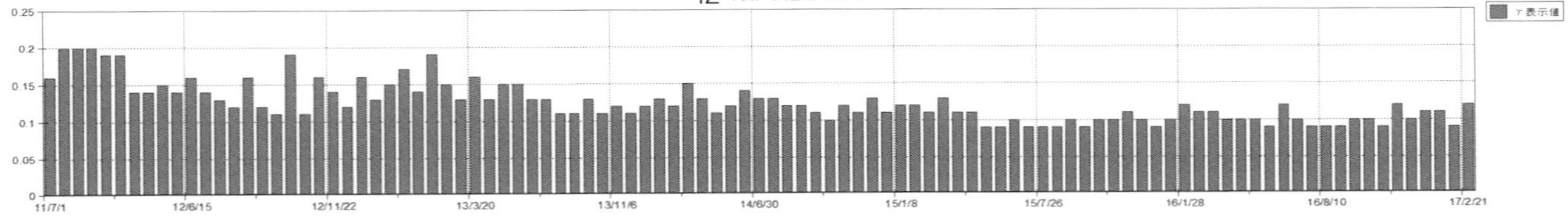

13 専大前交差点・みずほ銀行前（4m）

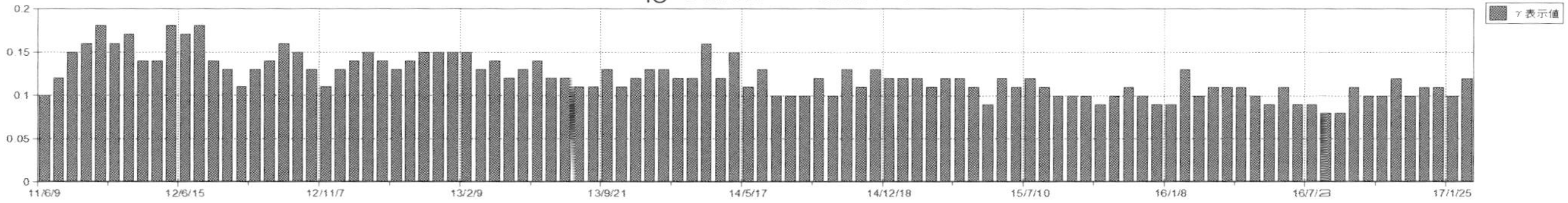

14 神保町交差点・たばこ店前（4m）

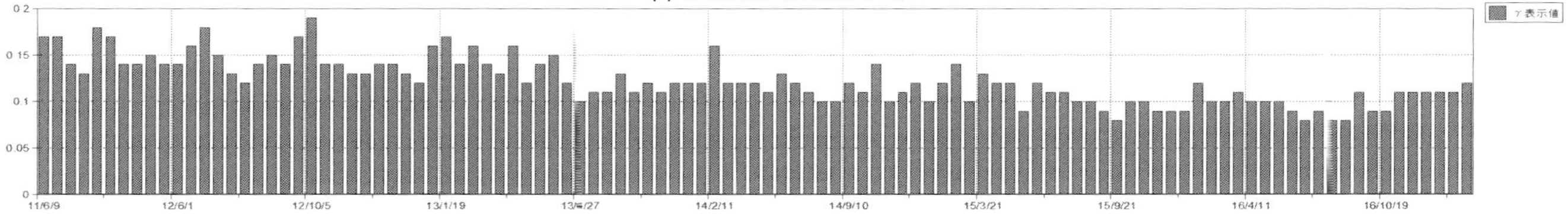

15 秋葉原ドンキホーテ前（5m）

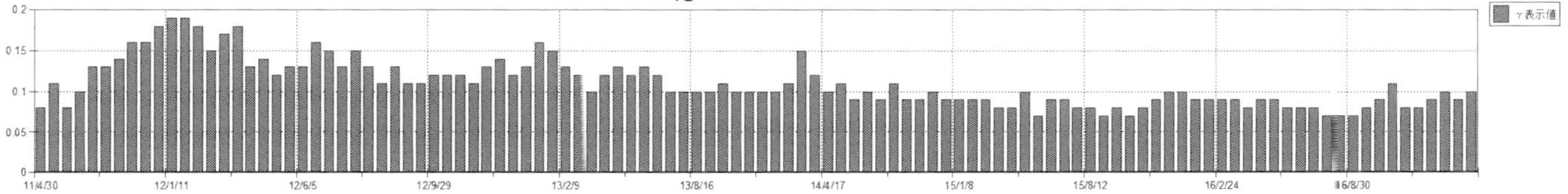

16 ＪＲ御徒町駅北口前（14m）

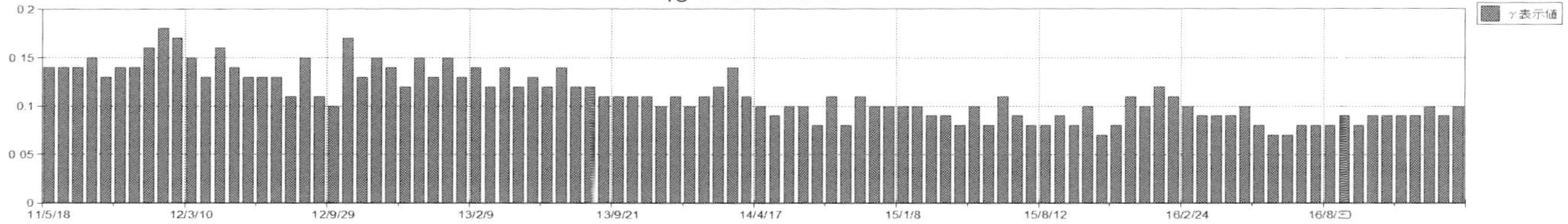

17 上野不忍池東岸地面(13m)

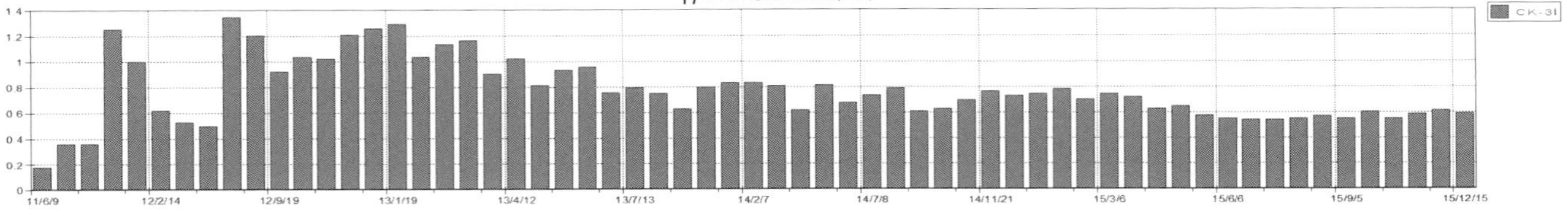

18 ＪＲ上野駅広小路口前（15m）

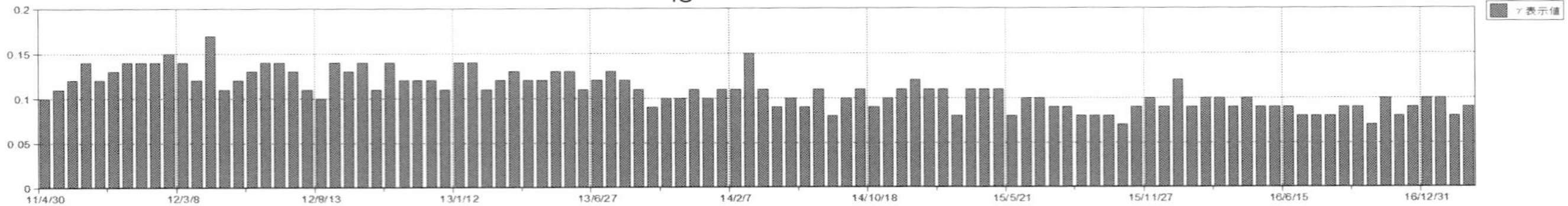

19 赤坂五丁目バス停前（13m）

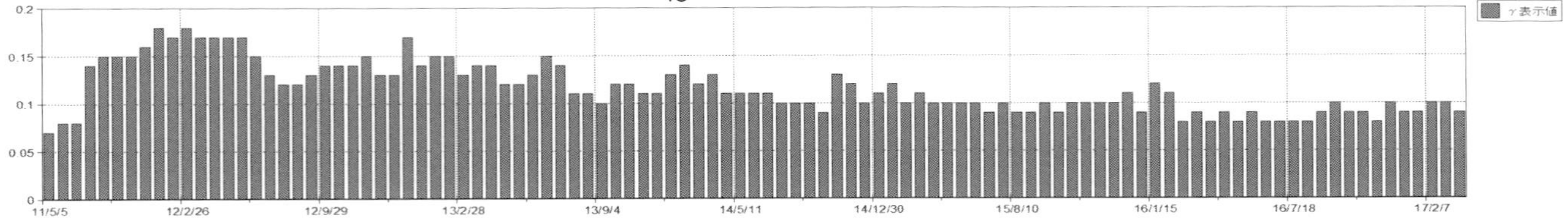

20 ＴＢＳ赤坂サカス前路上（11m）

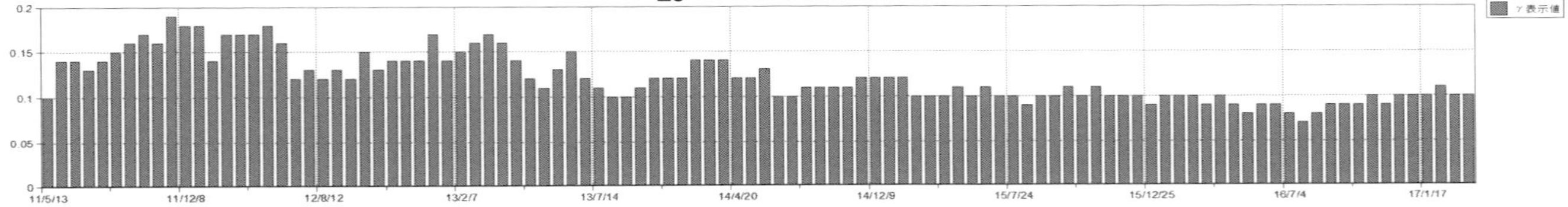

21 六本木交差点交番前（31m）

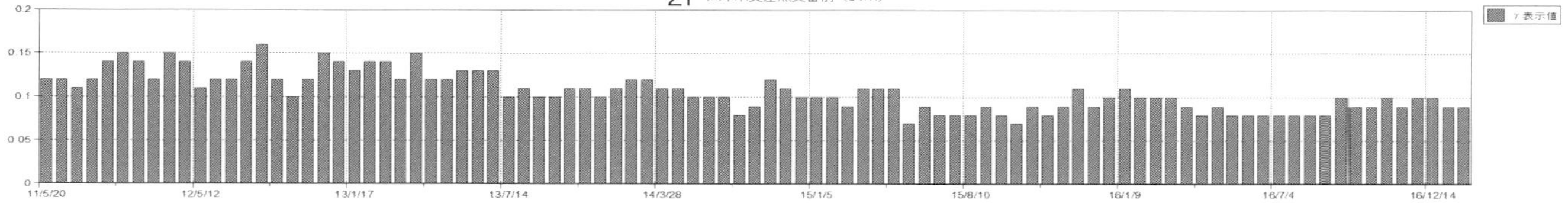

22 六本木ヒルズ北側路上（32m）

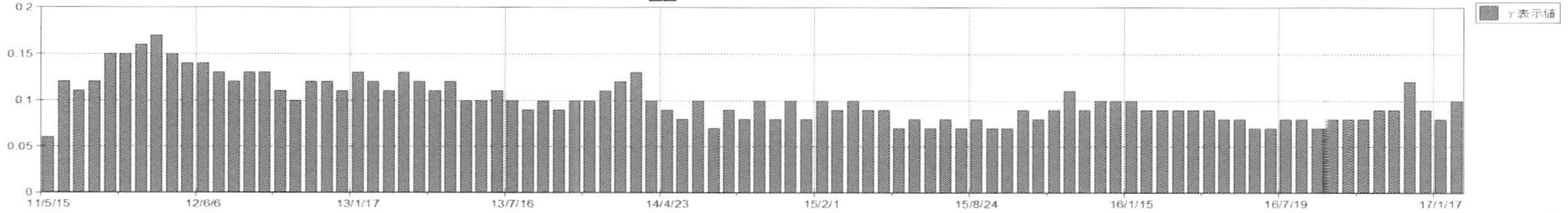

23 飯倉片町交叉点・アウディショールーム前（27m）

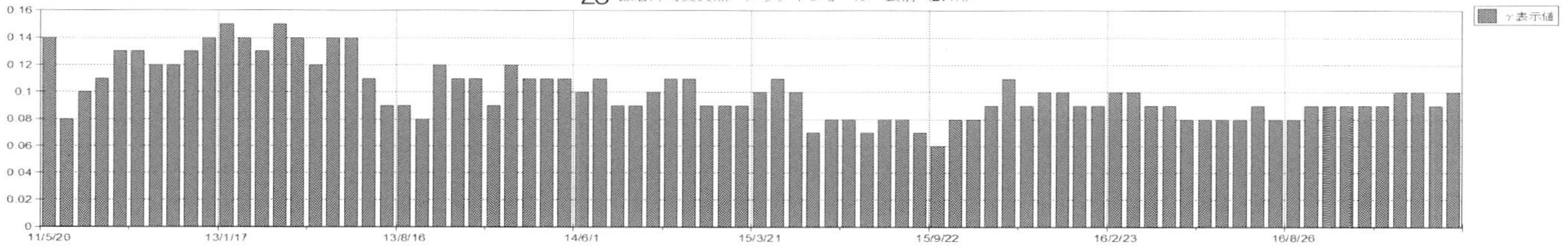

24 山王下交叉点西側（8m）

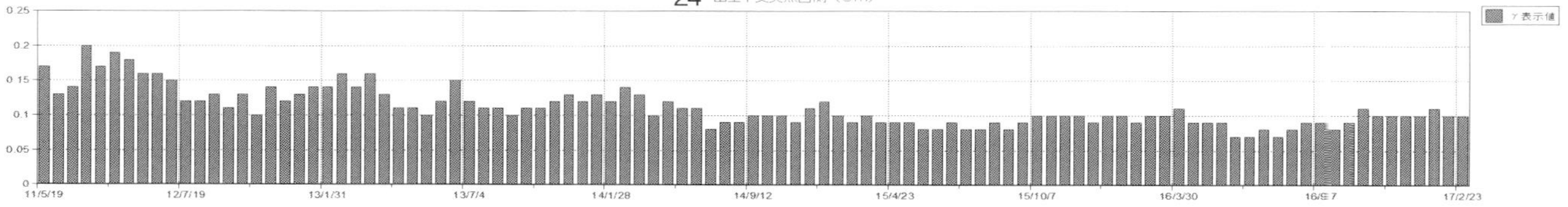

25 溜池山王交叉点・小松ビル前（8m）

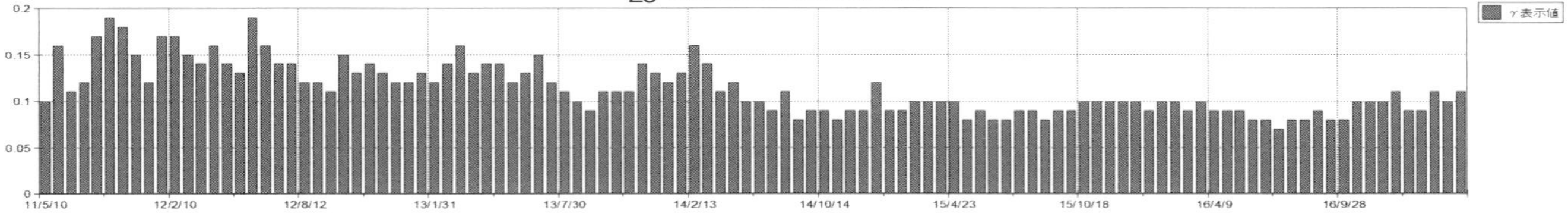

26 虎ノ門交叉点・清和ビル前（7m）

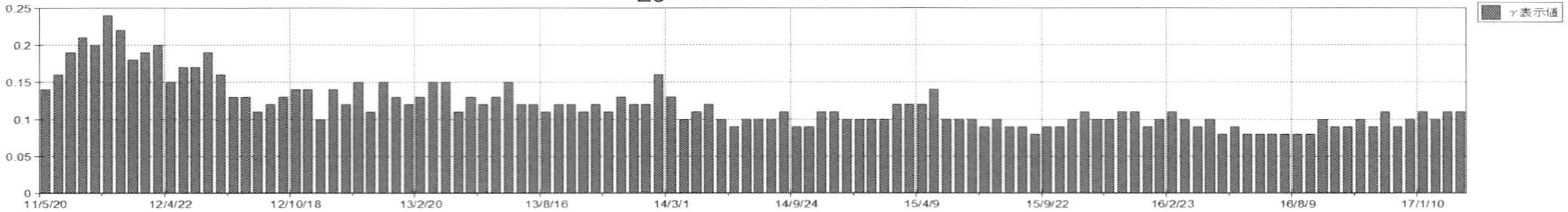

27 ＪＲ新橋駅前ビル交番前（3m）

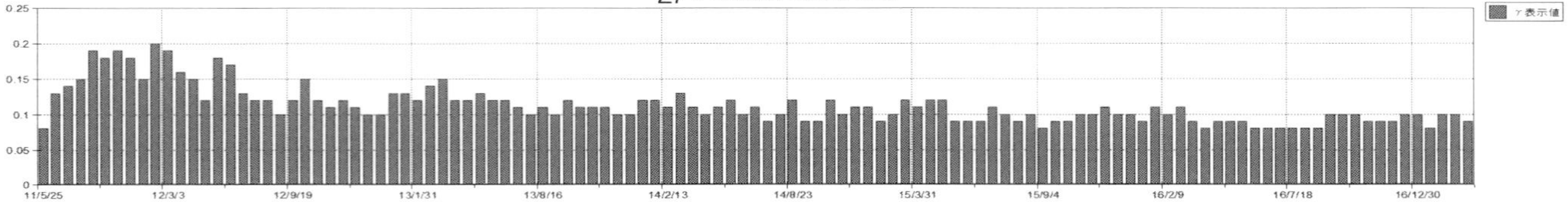

28 日比谷公会堂前（3m）

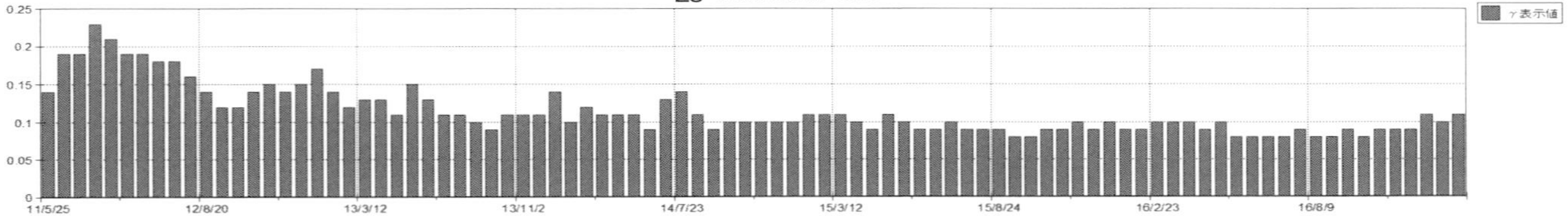

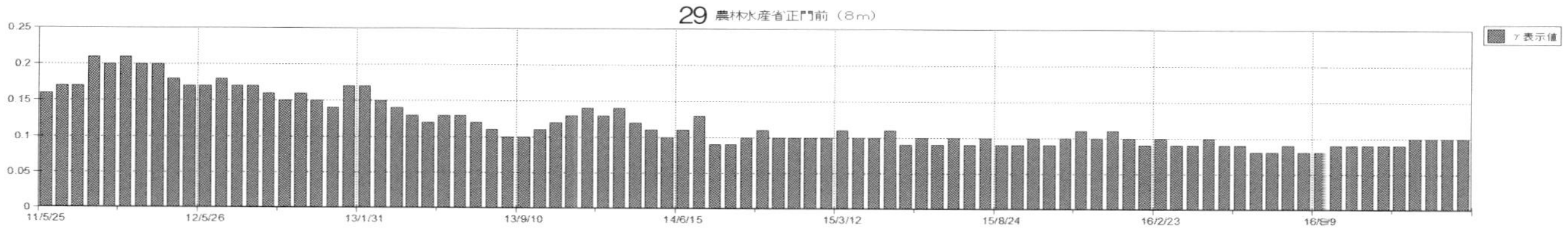
29 農林水産省正門前（8m）
γ表示値
0.25
0.2
0.15
0.1
0.05
0
11/5/25
12/5/26
13/1/31
13/9/10
14/6/15
15/3/12
15/8/24
16/2/23
16/8/9

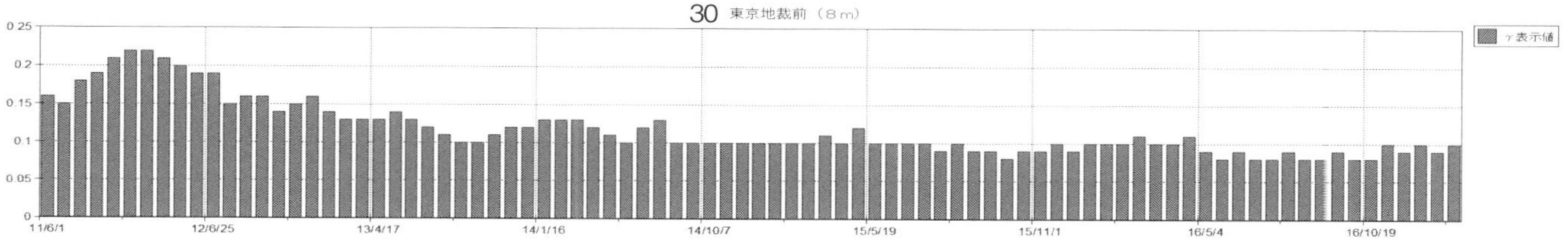
30 東京地裁前（8m）
γ表示値
0.25
0.2
0.15
0.1
0.05
0
11/6/1
12/6/25
13/4/17
14/1/16
14/10/7
15/5/19
15/11/1
16/5/4
16/10/19

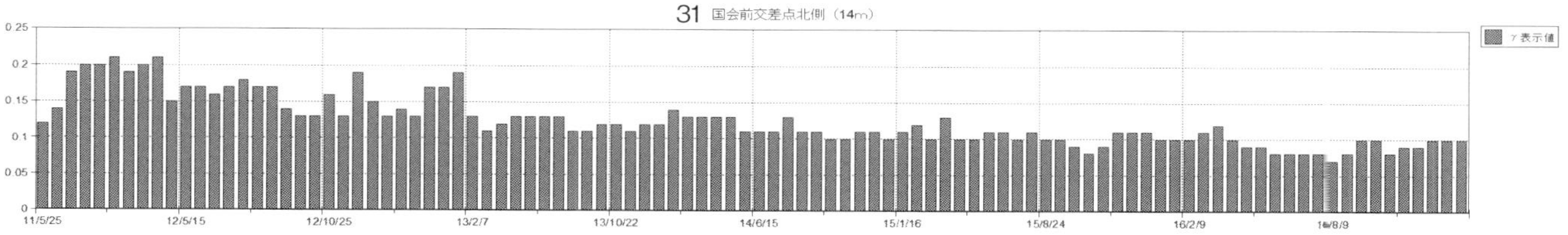
31 国会前交差点北側（14m）
γ表示値
0.25
0.2
0.15
0.1
0.05
0
11/5/25
12/5/15
12/10/25
13/2/7
13/10/22
14/6/15
15/1/16
15/8/24
16/2/9

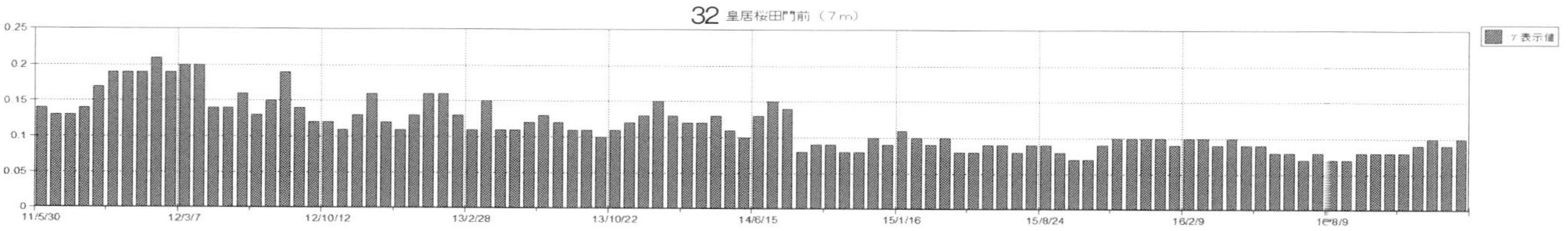
32 皇居桜田門前（7m）
γ表示値
0.25
0.2
0.15
0.1
0.05
0
11/5/30
12/3/7
12/10/12
13/2/28
13/10/22
14/6/15
15/1/16
15/8/24
16/2/9

33 銀座並木通り・プランタン銀座裏（4ｍ）

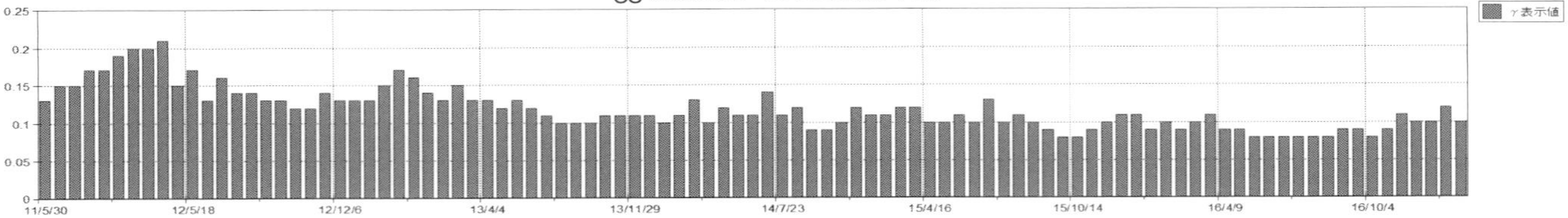

34 ＪＲ東京駅丸の内中央口前（3ｍ）

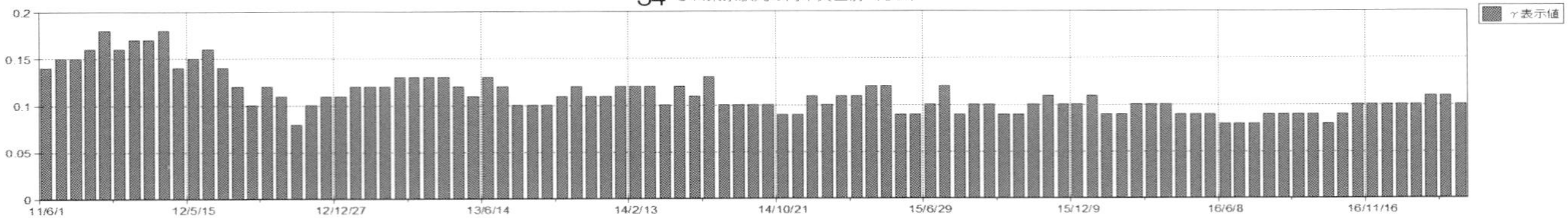

35 新青山ビル１Ｆ屋外木製ベンチ上（29ｍ）

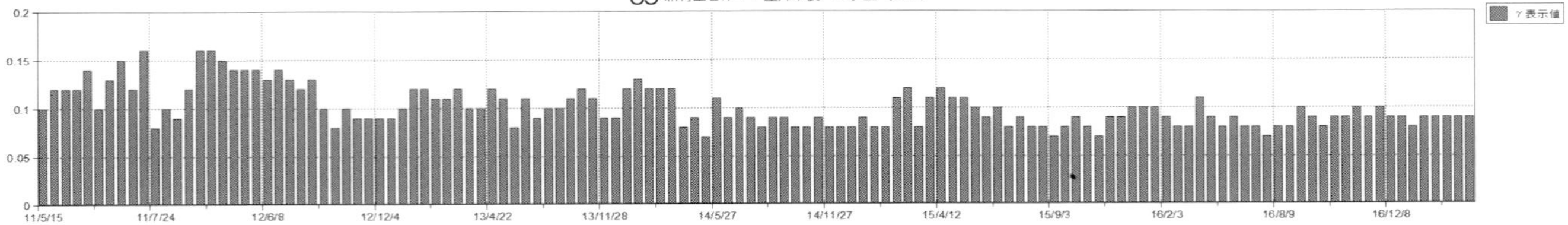

36 青山一丁目交番前（32ｍ）

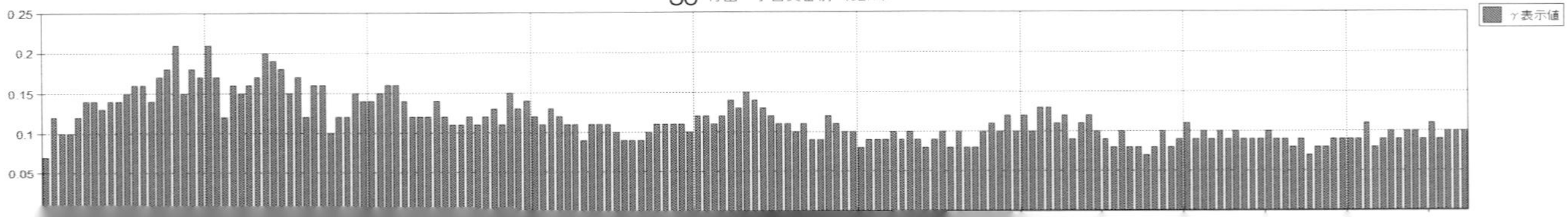

37 権田原交叉点・外苑側（33m）

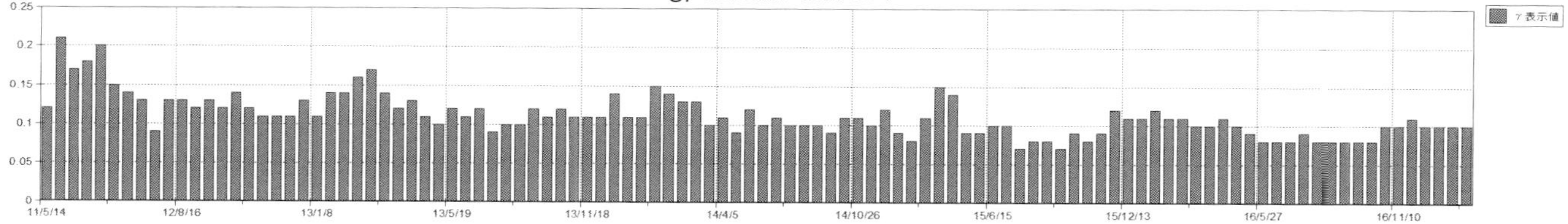

38 四谷三丁目交叉点・消防所前（35m）

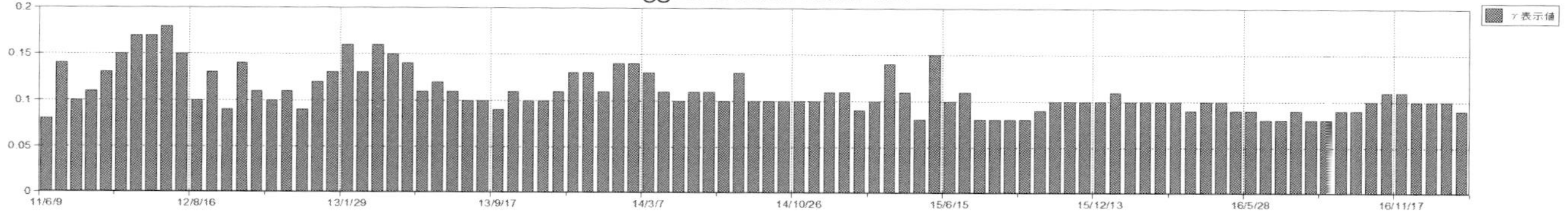

39 ＪＲ千駄ヶ谷駅前（32m）

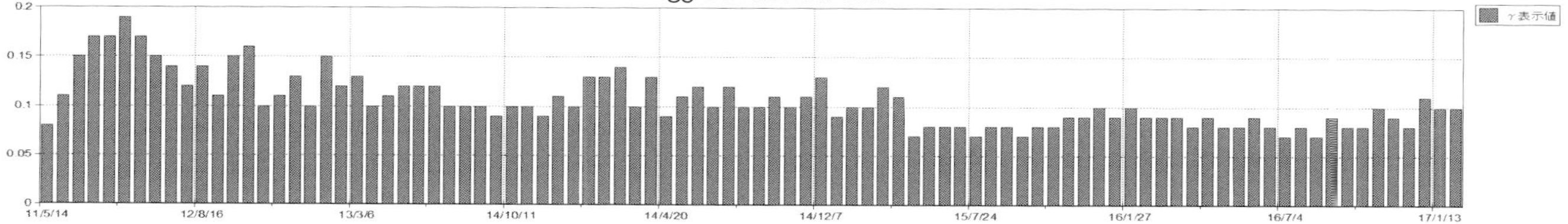

40 ＪＲ新宿駅南口前（40m）

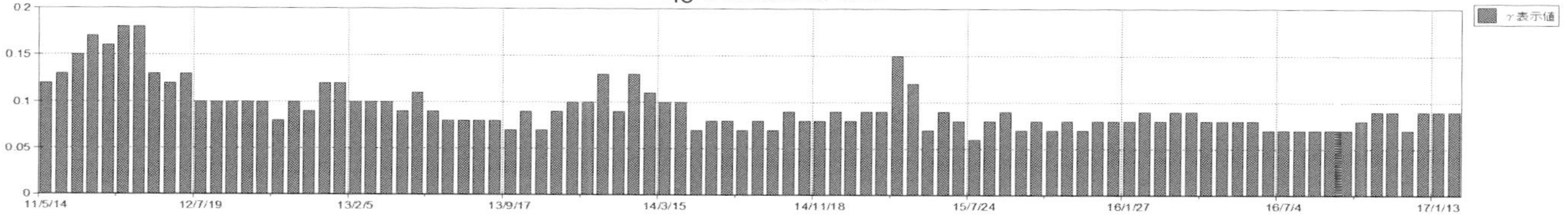

41 ＪＲ新宿駅東口交番前（38m）

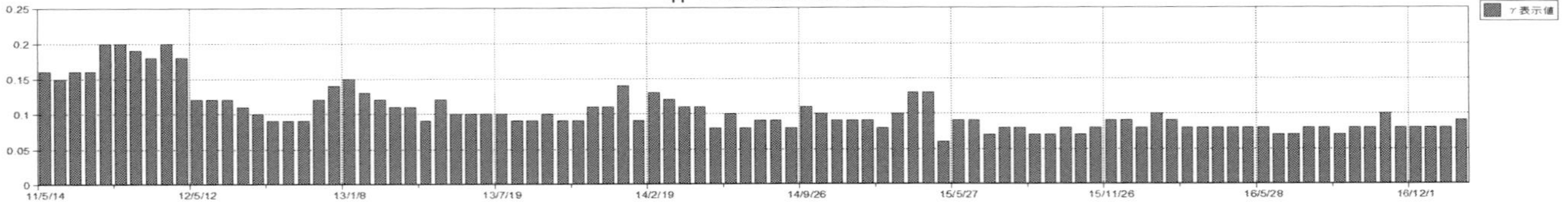

42 渋谷駅ハチ公銅像前（15m）

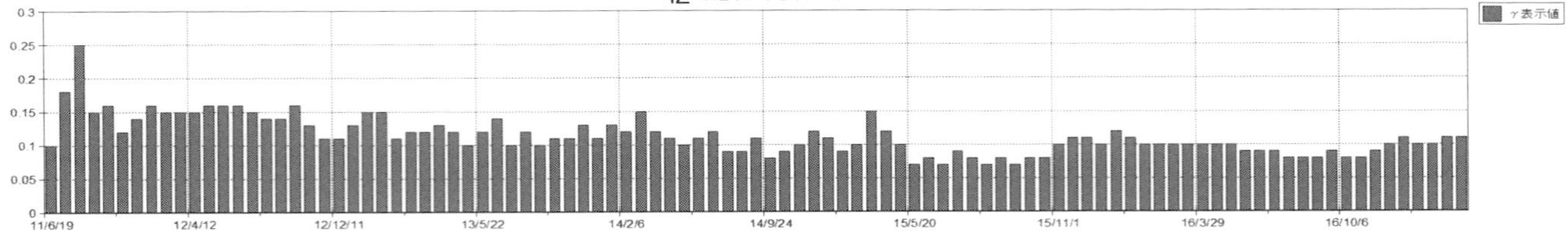

43 三軒茶屋交差点・世田谷通り口（45m）

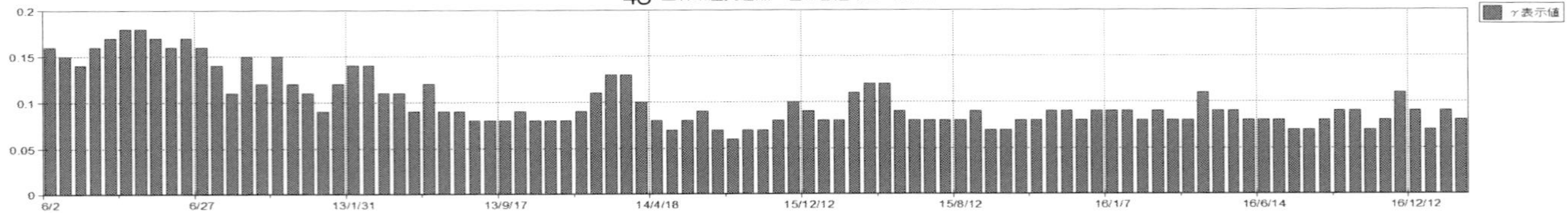

44 ＪＲ柏駅南口前(40m)

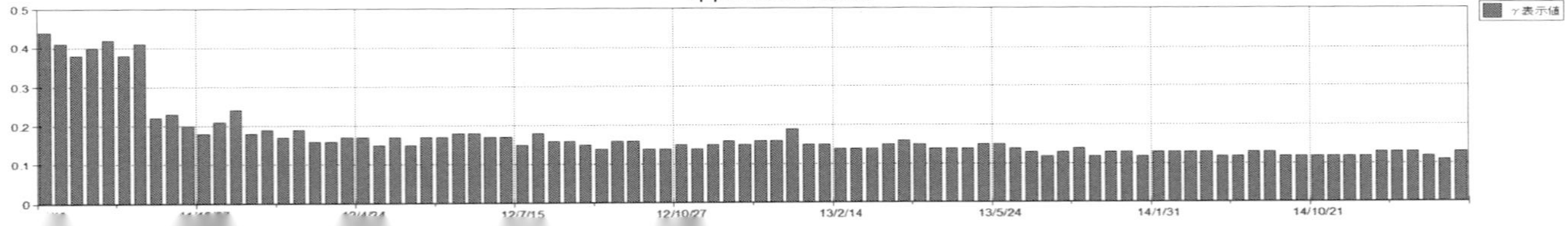

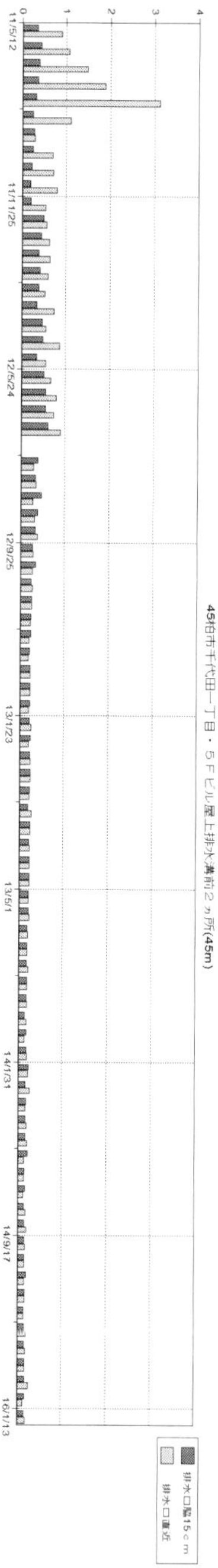

うに分析した。

この変動は、原発の事故処理現場で続発してきたトラブルとの関連性があると思われる。風速五m／s（時速一八km）の風が福島から吹けば、その大気は一六時間で東京へ流れ込む。東電が発表してきたかなり危機的なトラブル約二十数件のうち、まだ断定はできないが、いくつかは定点線量の上昇に影響したように思える。

原発で発生した「事故処理トラブル」と都内線量上昇の因果関係が考えられるのは、時系列順に以下のようなケースだ。

［二〇一一年六月～七月］

●四号機火災（六月十二日）

●二号機建屋の二重扉開放（六月十九日）

この期間に「㉒六本木ヒルズ北側路上L」「⑲赤坂五丁目交番前」「㊷渋谷ハチ公像前」「㊳四谷三丁目交差点」などで、七月中旬にかけてすべて線量が五割近く上昇。

［二〇一二年二月〜三月］

●二号機の炉内温度急上昇（二月一〜五日）

●四号機から大量の白煙（二月六日）

●二号機建屋内で「再臨界」の疑いがあるキセノン35を検出（二月十二日）

このときは都内定点の約半数が最高線量に到達。前述したように、「⑤清水谷公園」で〇・二五マイクロシーベルト／時、「㉖虎ノ門交差点」でも〇・二四マイクロシーベルト／時を記録した。また、〇・四マイクロシーベルト／時台から一二年一月には〇・二マイクロシーベルト／時以下へ低下した千葉県「㊹JR柏駅南口改札前」でも〇・二四マイクロシーベルト／時へ一時上昇。

［二〇一二年六月］

●六月十九日〜二十一日に台風四号が太平洋沖を通過

港区青山通り沿いの「①高橋是清公園入り口（六月二十五日）」「②港区役所赤坂支所前（六月十九日）」「③赤坂見附交番前（六月十九日）」で二番目に高い〇・一八マイクロシーベルト／時を記録。主に大通りに面した定点でピークが見られた。

［二〇一二年六月〜七月］

●四号機屋上解体作業時に大量の粉塵が飛散（六月二十六日）

●一号機建屋内で一〇シーベルトの超高線量検出（六月二十七日）
●四号機燃料プールの冷却機能一時停止（七月一日）

ここでは、都内でもケタ違いに線量の高い地表面測定点「⑰上野不忍池東岸（七月二十日）」とで、前回五月二十五日測定値〇・四九五マイクロシーベルト／時に対して一・三四八マイクロシーベルト／時というとんでもない数値を記録した。ほかに「⑮秋葉原ドン・キホーテ前（七月二十日）」でも三番目に高い〇・一五マイクロシーベルト／時を記録している。

［二〇一二年十二月～一三年一月］

●二〇一二年十二月七日午後五時頃に起きた三陸沖震源のM七・三余震（原発構内震度四）直後に　号機炉内圧力が上昇（ベント実施？）

この際は「㉑六本木交差点（十二月十二日）」で三番目に高い〇・一五マイクロシーベルト／時、「㉚青山一丁目交番前」でも十二月十四日から二十五日にかけて線量の上昇変動が見られた。

［二〇一三年三月］

●福島第一原発構内・仮設配電盤の損傷による大規模停電事故（三月十八～二十日）

港区赤坂「④弁慶橋中央部（三月二十日）」「⑪北の丸公園入り口（三月二十日）」と「⑫九段下交番前（三月二十日）」などで、前後測定日と比較して約二割増しの〇・一四～〇・一六マイクロシーベルト／時に一時上昇。この期間には北茨城市で原因不明の五マイクロシーベルト／時前後への上昇が起きた。

これら以外にも、二〇一三年七月から現在にかけて続く三号機屋上の白煙現象、九月五日の三号機・瓦礫撤去用大型クレーンの上部倒壊なども、都内線量値の上昇につながった形跡があると推測した。

そうした福島第一原発構内で起きてきたトラブルとグラフの動きの関連性を精査するために、気象データとの照合も進めていた。ただし都内線量が全体的にあまり下がらない原因は、〝原発からの追加汚染〟だけではないかもしれない。三年間の測定で見えてきた季節的な増減から、それを実感し始めていた。

どういうことか。

これまでに、各定点は放射線量の増減を五～一〇回ほど繰り返してきた。それぞれの〝うねり〟のピーク(P)を数えると、二〇一一年末から二〇一二年春までに最大値P1に達した後、二〇一二年後半から二〇一三年前半に二、三番目に高いP2とP3が表れ、その先はP4が増えている。この流れを見れば、都内線量は緩やかに下がってきたといえる。

しかし二〇一四年は様子が変で、二月初めから二十日までに五カ所で次々にP2が表れている。二〇一三年も一月から三月にかけて九カ所でP2が出たが、二〇一四年は二月だけで五カ所。三月末までの間に、二〇一三年の九カ所を上回るかもしれない。

また、三番目に線量の高いP3についても、二〇一三年一～三月の一二カ所に対して二〇一四年は二月二十日までに九カ所で出ている。

つまり、都心部の放射線量は三年たっても半減どころか、せいぜい一～二割減といった感じなのだが、それにしてもなぜ二〇一三年も二〇一四年も、この時期に放射線量の増加が起きるのか。線量値が秋冬に高まり、春夏には低下する傾向はいったい何を意味するのか。

実はこの「季節変動」の謎を追究していくと、まったく予想もしなかった現実に行き着いた。その真相については次節で紹介したい。

No. 12

五輪工事で「セシウム汚染」が東京を再び襲う

二〇一四年三月三十一日

3・11から三年「大震災はまだ終わっていない」
土中に埋没していた放射性物質が掘り起こされて、お台場、神宮外苑がヤバイ。

セシウムは地表面五㎝に居座っていた

前節では三年に及ぶ東京都心四三カ所の「放射線量測定グラフ」を紹介した。そして、このグラフを見ると、都内の線量値は秋冬に高まり、春夏に下がる「季節変動」が起きていることが分かった。これは、原発事故で飛来した放射性物質が今も都心の空気中に舞っているだけでなく、「増減」を繰り返していることを意味する。その原因はなんなのか。

事故発生当時、一部の専門家たちは「地表面へ降った放射性物質は、一、二年以内に五〇cmから一mの深さへ沈む」と、コメントしていた。

ところが、二〇一二年に文部科学省が開催したシンポジウム「放出された放射性物質の分布状況等に関する調査研究結果」で、日本原子力研究開発機構が意外な事実を発表した。それは原発事故後の六月から、福島県を中心に東北南部および北関東で行なわれた「土壌検査」の詳しい分析内容だ。

これによると、今回の事故で発生した放射性物質のうち、量が多く将来的に被曝影響が長く続くセシウムは、五〇cmどころか「大部分が五cm以内の浅い場所でとどまっていた」というのだ。

二〇一二年三月十三日に行なわれたこのシンポジウムには著者も参加していたが、発表直後に会場内が驚きの声でざわめいたのを覚えている。

その後も多くの研究機関が土壌調査を行なってきたが、結果はやはり同じだった。この「セシウムは地表近くにとどまっている」という調査結果を受けて大々的に始まったのが、田畑や校庭などの表面を削り取る「除染」だ。

セシウムが地表近くにとどまっている理由について、小川は、こう説明する。

「原発の大爆発で放出されたセシウムは元素状態のままでは遠くへ飛べず、一緒に上空に噴き上がった砂やコンクリートの微粉末に付着して、風で何百kmも移動しました。しかし地表に落ちて雨水とともにすぐに微粉末から離れて、地面へ浸み込むと、土の中の粘土成分に吸着した。粘土は金属元素のセシウムとも結びつきやすい鉱物分子を豊富に含んでいるからです」

もちろん東京都内の土の地面へ降ったセシウムについても、同じ現象が起きたとみて間違いない。そして、小川は都心部の緑地帯、公園、校庭などの地中五〜一〇cmに居座るセシウムが、放射線量グラフに現れた季節変動に関係していると推理する。

「雨が増える春夏には、土の水分が〝遮蔽効果〟を発揮して、セシウムが出す放射線を弱めます。一方、空気がカラカラに乾燥した秋冬には、この遮蔽効果が弱まる上に、水分が蒸発して地中を上昇する〝毛細管現象〟により、水と一緒に地表へ出た粘土粒子とセシウムの塵が風に舞うので、線量が高くなるのでしょう」

都心線量値の季節変動は、この自然現象が原因だったようだ。しかし、実はそれ以外にも「人工的な力」が線量値を高めている可能性が出てきた。

古川雅英教授が実施してきた都内四三カ所の定点測定で、今年に入って線量値が高めに出る定点では、だいたい一〇〇m以内の場所で必ず道路工事かビル建設工事をやっていた。

工事で道路を掘り返すとセシウムが舞い上がる

例えば内堀通りと靖国通り沿いの全定点で、前回の計測値より三、四割高い〇・二マイクロシーベルト／時前後の線量が出た二月十一日午後、この地域では一〇カ所以上の工事が行なわれていた。上下水道、ガス、地下埋設の電気・電話線交換など、いわゆる年度末の駆け込み公共工事であった。

二日後の二月十三日、港区虎ノ門～新橋区間で本格化している環状二号線道路工事の現場付近を調べると、ここも都内一m高測定では、一二年前半から出ていなかった〇・三～〇・四マイクロシーベルト／時を表示した。

それ以外にも江東区豊洲の新市場予定地付近（〇・一七～〇・二二マイクロシーベルト／時）、大規模開発が始まった東京駅八重洲口付近（〇・一六～〇・二〇）や日本橋（〇・一八～〇・二〇）などでも、土木工事の影響を疑うしかない高めの数値が出ていた。

ただし、鉄骨を組み終わり外装工事に取り掛かったビル建設現場では、さほど線量は上がらなかったという。急な線量上昇が起きたのは、土の地面を掘り返すか、道路と歩道の「舗装」を剥がす作業を伴った工事現場だった。

都内の道路と歩道の舗装については、小川が詳しい情報を持っていた。

「現在、東京都総面積の一五％がアスファルト舗装され、その過半が二三区内の道路と歩道に集中しています。このアスファルト舗装、正式には〝透水性舗装〟といい、粒径一〜一〇㎜の砕石とアスファルトを一定圧力で固めて内部に小さな隙間を作り、厚さ五㎝の規格で敷いたものです。

この舗装は、一時間一〇〇㎜の都市型集中豪雨に対応できるように、実は一九八〇年代に東京都土木技術研究所（当時）の研究員をしていたときに設計したものです」

では、この透水性舗装面にセシウムが降ると、どうなるのか。

「地表面ではセシウム混じりの雨水が浸み込まず、下水へ流れていったケースが多いはずです。しかし、透水性舗装は極めて効率よく水を吸い込むので、二〇一一年三月に舗装面に降ったセシウムの大部分がアスファルト成分に吸着したでしょう。もし舗装層をすり抜けたセシウムがあっても、すぐに下に敷いた土層の粘土成分へ吸着します」（小川）

透水性舗装の下には、水はけのいい砂を敷けばよさそうだが、それだけだと砂が流れて陥没の原因になるため、砕石と粘土質の土で構成されている。この舗装内部からも水分は蒸発するが、土と違って隙間が大きいので「毛細管現象」は起こらず、セシウムは上がりにくいという。

とにかく都心部を覆う厚さ五㎝の舗装内部にも、多くの放射性物質が詰まっているのだ。それを重機でバリバリと引き剥がせば、どういう結果になるか素人でも想像がつく。

新国立競技場付近はすでに線量アップ

東日本大震災と原発事故が起きた二〇一一年度の国交省「公共事業費」は、前年度比五％減、過去一〇年間で最少額の四兆六〇〇〇億円だが、被災地復興に力がそそがれ、公共工事はグンと減った。

しかし、政権が代わった二〇一三年度は、アベノミクス政策で五兆五〇〇〇億円に増額。二〇一三年度末の二〇一四年二～三月には、数年ぶりに都内で年度末公共工事が大復活した。交通渋滞緩和の目的で三月中の「駆け込み道路工事」は禁止されたはずだが、今年はお構いなしのようだ。

さらに、民間でも二〇一三年から都心各地で大規模再開発工事が始まり、四月の消費税増税までに資材を集めるためか、工事に早期着工する流れが加速化してきた。この「人間社会の慌ただしい動き」と「自然界の季節変動」が皮肉にもピタリ重なり、相乗効果で今冬の都内放射線量を引き上げたようだ。

そして、都心部の工事はこの先、より大規模化していく。そう、「東京オリンピック」の準備が本格化していくからだ。

神宮外苑の線量が前回〇・一一マイクロシーベルト／時から〇・一五マイクロシーベルト／時に上がったのは、国立競技場西側の公園エリアで傷んだ植栽などを掘り返す土木作業をやっていた一月二十九日だった。見た目は小規模な工事なのに、競技場を中心とした一㎞以上の範囲で線量が上がり、今もそのままだ。神宮外苑の大改造と新国立競技場の建て替えが本格化すれば、都内全域にも影響が及ぶだろう。

一方、築地市場の移転先であり、オリンピックのメイン会場予定地でもある「豊洲埋立地」はかってあった化学工場施設が地中に廃棄した有害物質の除去作業が急ピッチで進んでいる。そのため、原発事故の放射性物質が降り注いだ表土は、既に全面的に掘り返されていたが、その数値は前述したように〇・一七〜〇・二二マイクロシーベルト／時と都心部の定点よりも高めだ。

東北復興計画のアドバイザーなどを務めてきた都市防災建築の専門家・三船康道氏（工学博士、一級建築士）は、こう語る。

「原発事故の影響を受けた東北地方南部の都市で、放射性物質の健康被害に配慮して建物の解体や特別な整地作業をやっているという話は聞いたことがありません。せいぜい発がん性物質のアスベスト建材を使った古い建造物を壊すときに、全体をシートで覆ったり瓦礫に放水しながら作業するくらいです。とにかく建設業界は別経費を投じてまでよけいな対策はやらないのです」

ましてや「原発事故の危険など消え去った」という建前で猛進する都心部の大規模工事ラッシュで、今さらセシウムの心配をする役所や業者などいるはずもない。

とにかく、都心部で進行中の再開発は、東京オリンピック工事と相まってさらに加速化・大規模化していくはずだ。そしてそれは、地面すれすれに潜む「厄介者」たちを間違いなく目覚めさせる。

福島第一原発事故以前、日本は国際社会と同じく「年間外部被曝量一ミリシーベルト」の健康基準値を守ってきた。この数値は単純計算で〇・一一マイクロシーベルト／時に当たるが、自然界にもともと存在する「環境放射線」の影響も受けるので〇・二三マイクロシーベルト／時が基準とされている。

しかし、二〇二〇年のオリンピック開催に向けた大規模工事は、その〇・二三マイクロシーベルト／時を超える放射線量を都心部にもたらしかねない。ＰＭ２・５だけでなく、風で舞った放射性微粒子も知らないうちに体内へ蓄積されていく。これを少しでも防ぐには、マスクの着用などの自衛手段しかない。個人用線量計も、再び出番が増えるかもしれない。

オリンピック工事が本格化したとき、三年間見続けてきた都内線量グラフにどんな変化が訪れるか？　今後も著者はその変化を注意深く見守っていくつもりだ。

No. 13

つくば学園都市で「謎の街路樹枯死」が続発中

二〇一四年六月九日

これは虫害か、それとも福島第一原発事故の影響か。

二、三年前から街路樹の立ち枯れ、衰弱が加速化

茨城県つくば市で、このところ気になる〝自然界の異変〟が起きている。それは、道路脇の「街路樹」などに〝成長不良〟や〝枯死〟が目立つことだ。

筑波山の南麓地域は「筑波研究学園都市建設法」が施行された一九七〇年から八五年の「つくば万博」開催にかけて大規模な開発が進み、今では約三〇〇の学術研究機関や関連企業が集中する近代都市に生まれ変わった。

その自然と科学の調和をうたった大整備事業の一環として植えられてきた多くの街路樹や研究施設内の樹木、一般住宅の庭木などが、なぜか昨年から今年にかけて急速に精気を失っているのだ。

この奇妙な現象を不安の目で見つめるのは、なんといっても住民たちだ。そのひとり、二五年前に都内からつくば市中心部へ移り住んだM氏（独立行政法人研究所職員、理学博士）は、これまでのいきさつをこう説明する。

「一九九〇年代末までのつくば市は、とても緑豊かな森林都市で、ほとんどの幹線道路沿いには高さ一〇m以上の街路樹が立派に生い茂っていたのです。大学や研究所施設などのフェンス内側にもアカマツなどの緑地スペースが設けられ、秋にはマツタケが採れる場所もたくさんありました。

ところが二〇〇〇年代に入ってから茨城県各地でマツクイムシによるアカマツの大量枯死が続出。つくば市ではアカマツ以外の樹木でも毛虫（アメリカシロヒトリ）の食害で立ち枯れや衰弱が目立つようになり、その傾向が特にこの二、三年間で加速化しています。

しかし、一住民として長期間にわたって観察してきた私の感想では、今の現象の原因は単なる虫害ではなく、樹木を弱らせる環境の変化が強まっているように思えてなりません」

一九七〇年代以降に住み着いたニューカマーだけでなく、先祖代々から筑波地域に暮らす農家の人々からも、M氏とまったく同じ意見が聞かれた。

この地域にたくさんあるホームセンターでも、ここ数年間は「殺虫剤」のほか、樹木の根元に差し込む「活性剤」が大きく売り上げを伸ばしていたという。ただし、つくば市に隣接するつくばみらい市の造園業者によると、

「その樹木活性剤も、ここ一、二年はどういうわけか効き方が弱いような気がします。前はすぐに木が元気になった業務用のチューブを使っても、結局は枯れが止まらず切り倒すことが多くなってきた。

だけど、その廃木も原発事故後は勝手に燃やせなくなり、焼却料もばかにならない。一般家庭の庭木の手入れでも経費が上乗せになるので渋い顔をされ、正直言って仕事は増えても気苦労ばかりで困っています」

ともかく、つくば地域で〇二年頃から目に見えて増えてきたという樹木虫害や細菌性病害に対しては、行政側も最大限の対抗手段を講じてきた。つくば市内の街路樹管理事業を委託されてきた「筑波都市整備株式会社」によると、

「樹木につく毛虫は人にも害を及ぼすケースがあり、まず殺虫駆除を行ない、それでも回復不可能な樹木は伐採することになります。また植樹時期から四〇年もたった樹木は高さが二〇m以上に達するものもあって、市街化が進むにつれて枯れ枝や落葉に対する住民苦情も多くなってきたので、もはや育ちっぱなしにはできなくなっています。そこで幹や枝の内部に食い込んだ害虫と病原菌の実態を調べるためにも、枝打ちと背丈を切り詰める〝剪定〟作業を定期的に実施するようになったのです」

つくば市の街路樹の多くは、三m間隔で植えた二本セットを八m間隔で並べる通称〝つくば方式〟を採用してきた。これは並木道の見通しをよくし、二本の木の根を地中で絡めて倒れにくくするための独自の工夫だったが、それも今は十分に機能しなくなってきたと、筑波都市整備の担当者は言う。

「舗装道路脇や中央分離帯の街路樹は直接地面へつながっているのではなく、培養土をコンクリートや砂利などで囲った地中構造物の枡《ます》に植えます。これはいわば大きな植木鉢にあたり、植樹の根がいっぱいまで張って背丈が高くなりすぎれば、倒木の可能性が高まってきます。背丈が道路四車線分の一一mを超すと、道路側へ倒れたときに事故や交通遮断を引き起こすおそれがある。実際、二〇一二年五月に筑波山南麓で発生した大型竜巻や昨年の台風でも、多くの倒木と枝折れ落下が起きたので、二〇一三年は市内各

所で数年ぶりの大規模な剪定作業を行ないました」

その街路樹剪定を行政指導してきた、つくば市役所・環境都市推進課によると、

「とにかく全体傾向として、つくば市の街路樹は大きく育ったものが多いので、思いきって剪定することにしたのです。そのため前よりも相当にすっきりとした見た目になり、こんなに大胆に剪定して大丈夫なのかという、一般市民の方々からの問い合わせも多くいただきましたが」

春になっても芽吹く気配がほとんどない

伸びすぎた羊の毛を刈るように、樹木の健康維持と延命のために、一時的にバッサリと枝を落とし背丈を切り詰めるのが剪定である。ところが、つくば市では、必ずしもその目的どおりの結果になっていないことが今春になって現実化してきた。前出のM氏は言う。

「過去の樹木剪定では、確かに翌年には芽が吹いて新しい街路樹の景観に生まれ変わってきました。でも、二〇一四年の春はまったく違う。多くの剪定街路樹で芽吹きが非常に遅れるか、どう見ても立ち枯れに向かっているとしか考えられないケースが目立っているのです。それは街路樹だけでなく、つくば市内のさまざまな研究施設内や住宅の庭木についても同じことです」

そのうち最も極端な衰弱の姿をさらしているのが、国道六号（水戸街道）から西北方向、筑波山南麓へ向かう国道四〇八号（牛久学園通り）沿いの街路樹だ。ここには本州中部から九州に分布する落葉高木「モミジバフウ」が植えられ、一時は高さ二〇m平均の一大街路樹帯に成長していた。しかし、二〇一三年秋に高さ一〇mまで剪定されて以来、二〇一四年はGWを過ぎた五月中旬になっても、ほとんど芽吹く気配が

ない。この四〇八号線の街路樹は二〇一二年五月の筑波山南麓竜巻で大被害を受けた北条地区に近い場所にあり、そのため今後の竜巻再発生に備えて入念に剪定されたようだが、それが裏目に出てしまったとしかいえない。最近、Googleマップのストリートビューでは過去の景観画像配信サービスを開始したが、この四〇八号線のモミジバフウ街路樹帯の過去の画像（二〇一二年十二月時点）と比べると剪定の規模の大きさがよくわかる。さらに四〇八号と六号との交差点（牛久市・学園都市南入口）付近については、二〇一三年四月のビュー画像を配信しているが、この辺りに植樹されていた東北地方南部から九州まで広く分布する耐久性の強い「シラカシ」は、一年前には青く葉を茂らせていた。

福島原発事故の影響はあるのか

ただし、ここでひとつつけ加えておくべきことがあると、M氏は言う。

「これら四〇八号線沿いなどの街路樹の多くは、昨年の剪定で決定的に瀕死状態になったものの、実は三年前の二〇一一年春から、前年に比べて芽吹き方が目に見えて鈍り始めていました。植物学は私の専門分野外なので断定はできませんが、二〇〇〇年代初期から害虫や病原菌感染によって衰弱傾向にあった市内の自然界で、なんらかのとどめを刺すような出来事があったとみるのが合理的でしょう」

では、その〝出来事〟とはなんなのか。M氏は、やはり〝福島第一原発事故の影響〟は避けて通れないひとつの検討課題ではないかという。

「学園都市建設のはるか以前から自生し、虫害や病害にしぶとく抵抗し続けてきたケヤキの大木なども、原発事故が起きた二〇一一年の後半から目に見えて幹肌の荒れや原因不明の枝折れがひどくなってきました。今のところ、そうした二〇一一年以降の植物界の異変は原因不明で片づけられていますが、本来ならばそれを真っ先に解明して警鐘を鳴らすべき学園都市の研究施設内でも、昔からあった大木があっけなく立ち枯れている現実は皮肉としかいえません」

かつて研究施設の多くは森林に囲まれ、周りには一般住宅地が拡大してきた。しかし、今では環境が一変して戸惑う住人も多い。

「緑の目隠しがなくなって丸見えになった研究所の敷地内は、殺風景な工場の建物と大して変わりません。濃い自然の風の香りも減り、なんだか別の町へ無理やりに移住させられたようでガッカリ気分です。もちろん、原発事故との関係も気になるし」（学園西大通り「気象研究所」西側に住む主婦Aさん）

その気象研の西側、やはり周囲の緑地帯がごっそりと消えた「産業技術総合研究所つくばセンター」に隣接する住宅街でも、「切り倒した大木が、転がったままの景観がなんとも見苦しい」という不満の声を聞いた。以前は豊かな自然環境が未来永劫にわたって持続していくかに思えたこの地域もまた、不幸にして約一七〇km北で起きた福島第一原発事故の影響を受けた。だからこそ前述の造園業者のコメントのように、汚染された樹木を勝手に焼却処分できなくなったのだ。つくば市については、二〇一一年三月二十一日から二十三日にかけての降雨で、国道六号線に接する南部地域が比較的高く汚染され、二〇一三年九月に同市が実施した「第三回汚染状況調査」でも、原発事故以前の推定四、五倍に当たる〇・一五～〇・二〇マイクロシーベルト／時（地上五〇cm高）の残存放射線量が計測された。

この数値は原発事故後に政府が定めた危険ラインを超えるものではないし、この地域にある国道四〇八号と六号の交差点付近の剪定街路樹が、一向に芽吹かないまま初夏を迎えつつある事実と因果関係があるかどうかも定かでない。今のところ、すべてはミステリーというしかないが、福島の隣県で実際に進行中の物言わぬ木々たちの異変は、やはり今後も心の隅にとどめ、注意深く観察していく必要があるだろう。

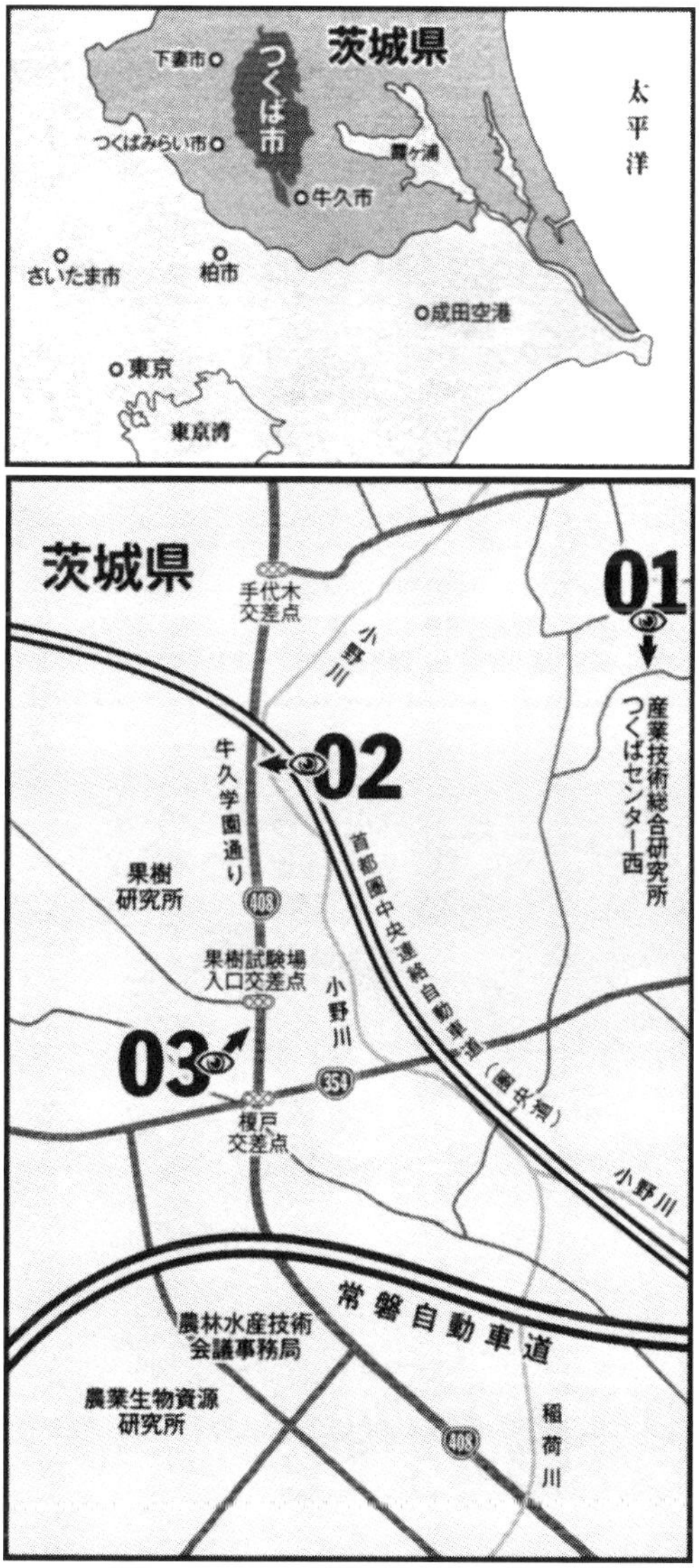

図３　街路樹枯死地図。

No. 14

福島市の小中学校プールは放射線管理区域並みに汚染されている

二〇一四年八月十一日

子供が裸足で歩くのに、学校・教育委員会は「前例がないので」と言い訳。福島市の学校プールが放射能汚染されたまま再開されている。こんな情報が著者にもたらされた。取材を進めると、基準値の二倍を超える表面汚染状態のままプール授業が行なわれた学校があることが判明した。子供たちの被曝は大丈夫なのか。

「福島市の公立学校の野外プールの表面汚染がヒドイ。一度、取材してほしい」。市内在住のA氏（五〇代）からこんな情報提供があったのは、二〇一四年六月下旬だった。

「市内のある小学校のプールサイドは、二度の除染を終えた後でも一四〇〇cpm（カウント・パー・ミニット）が測定されました。福島市の除染管理基準では、駐車場や庭石を六〇〇cpmまで下げるようにしています。つまり、車を置く場所より二倍以上放射能汚染された場所で、子供たちが裸足や水着姿でプール授業を受けているのです。協力者の支援を受けて測定したところ、同じようなプールサイドはほかにもありました」

A氏が汚染の根拠とするのは、二〇一三年六月に福島県と環境省が市内の小学校と高校で放射線測定をしたモニタリングデータ。それを見るとプールサイドの複数箇所で一四〇〇cpmが観測された。

さらに、いまだプールが再開できないでいる市内のある県立高校を昨年五月に環境省が測定したところ、同じくプールサイドで二五〇〇cpmという高い表面汚染が確認されたこともわかった。

「表面汚染」は、空間線量と違って聞き慣れない言葉だ。物体表面に放射性物質が付着していることを指すが、一四〇〇cpmという数字はどう評価すればよいのだろうか。

神戸大学の山内知也教授は、「放射線管理区域から持ち出せないレベルの汚染」だと説明する。

「一〇〇〇cpmは、およそ四ベクレル／㎠。放射線管理区域から持ち出せる表面汚染限度がこの数値なので、一四〇〇cpmはそれ以上。自然界にある放射線を考慮しても、基準値超えの可能性は高いでしょう」

つまり、本来であれば、一般人が立ち入れないほどの高い汚染度ということだ。危険はないのか。「汚染がセシウム137であれば、四ベクレル／㎠の汚染源に接触した皮膚が受ける皮膚吸収線量率は、五・七三マイクロシーベルト／時。単純計算では年間五〇・二ミリシーベルトとなり、公衆被曝限度の年間五〇ミリシーベルトを超えてしまいます(注)。

対策としては、児童が肌を露出するプールサイドは六〇〇cpm以下にすることが必要です。庭石や駐車場、外壁、ベランダなど、靴などを履いて接する場所の除染管理基準が六〇〇cpmであるのなら、学校プールがそれよりも汚染されている状態を放置すべきではありません」(山内教授)

そもそも、福島第一原発事故で学校の野外プールはひどく放射能汚染された。二〇一一年に福島市が市内の小中学校の放射線量を測定したデータを見ると、目を疑うような高い数値が並んでいる。水道水の管理目標が、一〇ベクレル／kgなのに対して、その六〇倍の汚染がプール水で確認された学校が二校。ほかに三〇〇台、二〇〇台と三桁を記録した学校が四六校あった。

プール底の汚泥になると、さらに深刻だ。二〇一三年四月、県立高校のプール底にたまった泥を朝日新聞が測定したところ、一〇万ベクレルが観測された。プールサイドも状況は同じ。最高は二・三九マイクロシーベルト／時。除染の目安となる〇・二三マイクロシーベルト／時の一〇倍に達していたのである。

二〇一一年の学校プール授業は中止されたが、問題は翌二〇一二年からだ。市や県は除染で放射線量が下がったとして、ほとんどの公立学校でプール授業が再開された。

だが実際には、プールはまだ汚染されていた。二〇一四年五月、市が全小中学校七一校のプールサイドを測定したところ、一三校のプール水からセシウムが検出された（最大二・九三ベクレル／kg、矢野目小学校）。なかには、半減期を過ぎたはずのセシウム134が検出されたプール（笹谷小学校）もあった。これらの学校では今の時期、毎日のようにプール授業が行なわれている。市教育委員会では、汚染され続けていることを把握しているのに、こうしたデータでさえ一般に公表していないのである。

（注）一般公衆の実効線量当量の年間被曝限度は一ミリシーベルトだが、ここでは組織線量当量を指す。

文科省の言うとおりに測定してるから問題ない

A氏は、二〇一二年から市や県に対し、学校プールの表面汚染が深刻な状態にあると訴え続けてきた。きちんとした測定と数値の公表をした上で除染をし、子供たちの被曝量を可能な限り少なくすることを求めたのだが、教育委員会は一向に聞く耳を持たないという。
「今まで何度も要望してきました。ですが、市教委は放射能リスクアドバイザーを務める福島県立医大の医師が、『素足で歩いても放射線障害はあり得ない』といっている」などと言って、聞き入れてくれません。表面汚染密度を継続的に測定することを頼んでも、『文科省からの通知でシーベルトで測定しているから』と検討すらしない。今年(二〇一四)は六月末までに要望書に回答するよう申し入れしましたが、市教委や県からはいまだに連絡すらないのです」
A氏だけではない。市内在住の子供の親からも、学校プールの再開を心配する声は上がっている。
「学校から一カ月おきに校内の空間線量のお知らせが来ますが、プールに関しては何もない。表面汚染の実態がわからないままプール授業に参加させるのは不安。目や耳から被曝しないでしょうか」(保護者)
「プール授業を休むと、ずっとランニングをさせられる。熱中症の危険があるし、呼吸による内部被曝も心配なので、仕方なくプールに入らせています。子供が汚染されたプールサイドを裸足で歩いたり座ったりすることを考えると怖い」(別の保護者)
これら保護者によると、福島市内の学校では、原発事故直後の四月から課外活動が行なわれ、六月頃から体育の授業も校庭で実施されるようになった。市内東側に位置する渡利地区では、空間線量が四マイクロシーベルト/時を超えていた時期だ。こうした学校の対応に不信感を抱く保護者は少なくない。だが、「先生たちに意見を言って、悪者になりたくない」ばかりに、表立って文句を言う親はほとんどいないという。それでも、不安が拭えないのはアンケートの数字に表れている。市教委によると、市内の児童生徒で二〇一二年に学校プール授業へ参加しなかったのは一二三五人。全生徒の約五%に上った。翌二〇一三年は、三度のアンケート調査で延べ一一三五人が不参加を表明したという。

福島市教委は生徒の安全を本当に考えているのか

福島市の学校プール汚染の実態を調べるため、著者らは二〇一四年七月中旬、市内の小中学校二〇校以上に表面汚染の測定取材を申し込んだ。だが、応じた学校はなかった。それどころか、市教委からは「学校の測定取材は前例がなく、現場が混乱するため許可できない」との回答が来た。

そのため、取材を申し入れた小中学校を対象に、野外プールに極力近い場所を選んで、学校敷地外から表面汚染を測定した。コンクリート上などを測定したところ、二〇〇cpmを超える箇所が続出し、最高は四二四cpmを記録した。ちなみに、市内の一般公道で測定した表面汚染は、平均六〇cpm程度である。取材で使用した測定器（検出器の直径四・五cm）は、市が使用した測定器（同五cm）よりも放射線を拾う面積が小さい。つまり、市と同じ測定器を使えば、さらに大きな数字が表示されると予想できるのだ。プールサイドの表面汚染に代表される学校プールの放射能汚染、それに伴う子供の安全に関して、小中学校の管理者はどう考えているのか。市教委を直撃した。

――学校の野外プールの除染指針は？

「文科省が平成二三年（二〇一一年）八月二十六日に通知した『福島県内の校舎・校庭等の線量低減について』に基づいています。この中に、学校において児童・生徒が受ける線量については、年間一ミリシーベルト以下とするのが日標とあり、それをベースに動いている」

――野外プールの除染は全校で行なった？

「平成二三年十二月から始まり、一度で線量が下がらなかった学校は二度目の除染をし、翌年の七月までに完了しました。具体的には地表一cmの空間線量が〇・五マイクロシーベルト／時を超えるプールを再除染し、高圧洗浄やモルタルの剥ぎ取りをしました。現在はすべての学校プールがこの数値を下回り、汚染されている所はないとの認識です」

――表面汚染を測定しない理由と、測定した空間線量を公表しないわけは？

「空間線量の測定で安全確保ができていると認識しているので、表面汚染は測定をしていません。それに、空間線量の測定結果は学校に知らせている。一般に公表しない理由は特にありません」

――市民（A氏）からあった申し入れに回答しなかったのはなぜ？　今後もプールサイドの表面汚染は測定しないのか？

「要望書を受け取ったとき、（A氏に）回答するとは言っていません。ただしプールサイドの表面汚染に関しては、この夏休みに測定をする方向で調整しています。どういった形でやるのか検討中。教育長からも、早くやりなさいと言われています」

市教委が除染の指針にする文科省の通知には、「校庭・庭園の空間線量率は、一マイクロシーベルト／時未満を目安とする」とある。だが、文科省に尋ねると、すでにその指針ではないという。

「文科省が通知を出した一一年八月のタイミングは、政府の対応がまだ固まっていませんでした。その後、環境省が除染に一元対応をするようになり、翌年の一月から放射性物質汚染対策特措法で〇・二三マイクロシーベルト／時を管理基準とするようになったのです。ですので、学校内とはいえ、基準はあくま

で〇・二三マイクロシーベルト／時です」（文科省学校教育健康課）

であれば、なおさら市教委はプールサイドの地表一cmの線量管理を〇・五マイクロシーベルト／時以下などといわず、さらに安全サイドに立った取組みをするべきではないか。学校プールの放射能汚染は福島市だけではない。南隣の郡山市では、七月下旬に公営プールを利用した小中学校の水泳競技交歓会が開かれる。だが、県教組がプール施設のある公園内の放射線量を測定したところ、空間線量が一マイクロシーベルト／時を超えるホットスポットが一〇カ所近く見つかった。県教組郡山支部では、市教委に「子供が放射線量の高い場所に長時間いないようにしてほしい」と要望を行なっている。

また、福島市の東に位置する伊達市の小国小学校では、二〇一二年十一月に市民団体が敷地外からプールサイドのコンクリートを測定したところ、三マイクロシーベルト／時超を記録。二〇一四年七月中旬の著者らの測定でも、〇・五マイクロシーベルト／時ほどを示した。福島の学校プールが完全に除染されたと安心するのは早計だ。

前出の山内教授が言う。

「体が成長期にある若い世代にとっては、可能な限り被曝を避けることが望ましいわけです。県や市は、環境省や文科省の指針に書かれていないからやらないのではなく、保護者や住民の声をよく聞く必要があるのではないでしょうか」

教育委員会は、生徒の安全か、それとも霞が関の指針か、どちらを向いて仕事をするのか。それが問われているのだ。

（注）セシウム137で、一マイクロシーベルト／時＝一二〇cpmである。

No. 15

〝被曝国道六号線〟開通で放射能汚染が拡散する

二〇一四年十月十二日

線量は東京の二〇〇倍以上
福島第一原発事故から二・五㎞の道路が通行可の狂気
「アンダーコントロール」という安倍のウソが明らかに。

六号線の通行は人体に有害だと行政も認識

東京から仙台までの太平洋沿岸を縦断する「国道六号線」。この約三五〇㎞の一般道は「福島第一原発事故」直後から〝半径二〇㎞圏内〟にあたる約四〇㎞区間が通行止めにされた。その後、規制は段階的に解かれ一部区間のみ通行止めとなっていたが、そこが二〇一四年九月十五日〇時に解除、三年半ぶりに全線が開通した。このニュース、世間的にはそんなに大騒ぎになっていないが、実は重大な問題を孕んでいる。というのも、この最後まで通行止めとなっていた双葉町〜大熊町〜富岡町の約一四㎞区間は、福島第一原発のすぐ西側を通っているからだ。そんな高濃度放射性物質が降り注いだ「帰還困難区域」「避難指示区域」を走る道路を、一般車両がフリーパスで行き交うことに何も問題はないのか。

実際、この一四㎞区間を通れるのは〝窓を閉めた自動車〟だけで、バイク、自転車、徒歩による移動は許可されていない。つまり、この地域の放射能汚染が今でも人体に有害なことは行政も認識はしているのだ。

では、なぜ全面開通に踏切ったのか。そもそも、この九月十五日の全面通行解除は、いつから予定されていたのか。報道では「政府の指示」とされているが、どこの行政機関が実務を担当したのか。いくつもの省庁に問い合わせたところ、最終的にたどり着いたのは、内閣府「原子力災害対策本部被災者生活支援センター」だった。その担当職員の説明によると、「特に前々から九月十五日を予定していたわけではありません。ただ、通行の方針は昨年暮れから今年（二〇一四）の頭にかけて検討が始まりました。その大きなきっかけは、地域住民や自治体の方々からの強い要望でした。被災地の復興を促進するために、一日も早く国道六号線を以前のように生活道路として使いたいという意見が数多く寄せられたのです」

確かに大震災と原発事故の発生以来、六号線の分断によって福島「浜通り」地域の住民は多大な苦労を強いられてきた。例えば、北側の南相馬市から南側のいわき市までクルマで行く際、以前は一時間ほどだったのが、「中通り」を迂回することで倍以上の時間がかかっていた。

しかし、六号線の再開通で何より重視されるべきは、放射能汚染の影響だ。これについては、どんな対策が講じられたのか。

「年初から路線内の放射線量の細かい調査と分析に取りかかり、これらの専門的な作業は、原子力規制

庁に依頼しました」（前出・原子力災害対策本部職員）

では、「原子力規制庁」はどんな調査を行なったのか。

「まず一四km圏内のモニタリングポストや文科省が行なってきた航空測定データなどの分析、さらに新規の路面測定を春頃まで繰り返して、除染が必要な場所を調べました」（同庁担当者）

この調査結果をもとに、通行制限解除に向けた除染を実施したのは「環境省」だった。そこで同省の担当者にも実際の除染作業について聞いてみた。

「作業期間は四月から八月にかけての約四カ月間。具体的には路側帯などに茂った雑草の刈取り、側溝にたまった汚染土砂や落葉の除去、道路脇に迫ったコンクリート擁壁の高圧水洗浄などです。また放射線量が高めのアスファルト路面については、ショットブラストという装置を使って処理を施しました」

この装置は、小さな鉛の粒を高速で路面にぶつけて汚染部分を削り取るものだ。ただし、これらの除染作業は福島県内の多くの場所でも行なわれており、六号線だけが特殊な方法で処理されたわけではない。

そして除染終盤の八月に、再び「原子力規制庁」の測定班が、一四km区間で実際に車両走行実験を行ない、クルマの放射能汚染が健康に影響を及ぼさないレベルと判定。その結果を受けて内閣府「原子力災害対策本部」が九月十五日の通行制限解除を決めたという。また解除三日前には、その根拠となった六号線の線量調査内容を詳しくまとめた一一ページの資料も公開された。

福島第一原発付近で、最大二〇マイクロシーベルト／時を計測

こうした各省庁の連携で実現した六号線開通。二日後の九月十七日には、安倍首相が大熊町の原発事故

汚染物の「中間貯蔵施設」候補地と川内村の保育園を訪れ、砂場で遊ぶ児童たちを笑顔で見つめるシーンが報道された。このタイミングのよさは、十五日の六号線開通との〝すり合わせ〟を感じさせる。原発事故処理は着実に進んでいると印象づけるパフォーマンスか。

それはともかく、気になるのは六号線の放射能汚染が本当に大丈夫かということだ。そこで著者は開通後に二度（十六日、二十日）現地取材を行ない、問題の一四km区間を計四回走ってみた。内閣府の発表資料によれば、この区間の除染後の屋外空間線量値は平均三・五マイクロシーベルト／時。最高値は大熊町の福島第一原発付近で一四・七マイクロシーベルト／時だという。ただし、〝窓を閉めた自動車〟の中での計測のため、遮蔽効果で三、四割は低くなるはずだが、実際はどうなのか。

まず下り線（北上ルート）。富岡消防署北交差点付近から問題の一四km区間へ入る。この手前約一〇kmの沿道でも屋外を歩く一般住民は少なかったが、この先は当然、警察官と民間ガードマン、除染作業員がまばらにいるだけで、生活活動が完全停止したような街並みが続く。

そして車内の簡易線量計（シンチレーション式）が、このあたりから活発に反応し始めた。液晶表示は三・〇〜六・〇マイクロシーベルト／時ほどの範囲内で目まぐるしく変化し、早くも〝公式発表値〟を上回る。

さらに福島第一原発のある大熊町へ入ると、いったんは一・〇〜二・〇マイクロシーベルト／時台へ下がったものの、熊川を渡り小入野に差しかかると急激に上昇。そして大野駅南東側約二kmの場所では一六〜一八マイクロシーベルト／時、瞬間的に二〇マイクロシーベルト／時を超す〝区間最大値〟が出た。

さらに進むと、福島第一原発の排気塔や大型クレーンの上部が道路右手に見えてくる。その距離、直線で約二・五km。まさに放射程汚染の中心地付近にいるのだといや応なく実感させられた。それから双葉町役場までの三〜四kmの区間では、線量は八〜一四マイクロシーベルト／時ほどの高い数値が続き、一四km区間の北端を過ぎた浪江町役場にかけては一・〇マイクロシーベルト／時以下まで弱まっていった。

この線量の変化は、四回の走行とも同じような動きが確認できたが、必ずしも数値は一定ではなく三〇％ほどの増減があった。しかし、福島第一原発の西側にある大野駅付近の車内数値は低くても一五マイクロシーベルト／時はあった。屋外では二〇マイクロシーベルト／時を超すのは間違いないだろう。ちなみに今、東京都内の公式発表線量値は、新宿で約〇・〇三五マイクロシーベルト／時。著者らの計測でも〇・一マイクロシーベルト／時前後だから、福島第一原発周辺では東京の二〇〇倍以上という高い汚染状態が続いていることになる。今回の現地取材に同行した小川は、この一四km区間の現状について、こう語る。

表９　国道６号線の空間線量

地点	車内空間線量 単位：mSv/h
双葉駅	8 〜 14
原発西側	15
大野駅南東	16 〜 22
夜の森駅	3 〜 6

「やはり現時点での通行制限解除は、正気の沙汰ではないと思います。同一地点でも線量値に差が表れるのは、今も埃《ほこり》に付着した高濃度の放射性物質が国道六号線の路上を活発に動き回っているからでしょう。

その運動には、自然の風だけでなく移動する車両が巻き起こす気流も影響しています。時速四〇kmでは車体の周りに風速約一一m／秒の気流が発生し、上下線で二台の車がすれ違えば風速二〇m／秒の強い気流が生まれます（乱流効果）。これが繰り返されていくうちに、一四kmの区間から南北へ汚染物質が急速に広がっていく事態は避けられません」

毎日一万台以上が六号線を通行中。汚染拡大は不可避

今回の六号線開通には、一応「不要不急の通行は控えるように」というただし書きがついている。しかし、現実はそうはいかない。六号線の西側を走る「常磐自動車道」の全面開通は来春までずれ込む予定だし、福島・宮城県内を走る「JR常磐線」については巨大地震と大津波による破壊箇所が無数にあり、復旧のメドすら立っていない。そのため、これまでは「東北自動車道」が主に東日本大震災の復旧活動を支えてきたが、今後は無料の六号線に車が集中することは避けられないだろう。その六号線の開通直後からの走行台数について、国交省「磐城国道管理事務所」に取材すると、「大熊町の六号沿いに設置した自動計測装置で上下線の合計台数をカウントしており、開通日の約一万台に対して、一日当たり約一〇〇台の増加が続いています」

すでに毎日一万台以上がここを通過しているのだ。ちなみに、国交省「道路局」では数年に一度、全国幹線道路別の交通量調査を実施しており、大震災前年（二〇一〇年）の六号線の一日平均値は約六万台。内訳は小型車七五%、大型車二五%だった。著者らは一四km区間北側の浪江町と南相馬市で、沿線住民に何人も六号線開通への感想を取材した。そこでは「物資と人の往来が増えることで、間違いなく福島と東北全域の復興に役立つ」という歓迎意見が多く聞かれた一方で、早くも難題が持ち上がっていることがわかった。

南相馬市の六号線沿いにあるホテル経営者は、開通からわずか五日の段階で、今後大きな問題につながりそうな目撃情報を口にした。

「平日朝の六時半から七時半、夕方の五時から七持頃にかけて毎日、上下線両方で大渋滞が起きています。これは冬場の中通りに大雪が降って、クルマがこちらに集中したときと同じ感じで、自転車で動いたほうが早いくらい。混み具合からみて、じきに震災前よりも交通量は増えるのではないか。車種は大型と小型が半々で、全国のナンバーが集まっているみたいです」

やはり今回の開通によって、北関東から福島県、宮城県にかけての車両移動は、東北自動車道から浜通りの六号線へ急速にシフトし始めたようだ。この変化は、もちろん地域経済の活性化には役立つだろうが、運ばれるものは人・金・物資だけではない。小川はこう警告する。

「二〇一一年の前半には目立った汚染が見られなかった中部・近畿・関西地方でも、今では事故由来の放射性物質が検出されています。その最大の原因はクルマの移動によるもので、福島県の中通り地域を通り抜ける東北自動車道と国道四号線（日光街道）を通じて他地域に放射性物質が拡散したと考えられます。その主な汚染源は、原発事故直後の降雨で大量の放射性物質が降り注いだ福島市や郡山市でした。しかし、国道六号線を介して新たに南北方向に広がる二次三次汚染は、チェルノブイリ事故をはるかに上回る量の放射性物質を吐き出した福島第一原発そのものが汚染源になるので、被害規模もケタ違いに大きくなります。

八月に一四km区間内で車両実験を行なったと言ってましたが、これはたった六台で調べただけ。それではとても、これから起きる放射能汚染の拡大を探る手がかりにはなりません」

そもそも、原子力規制庁の測定調査は、一四km区間内の残留放射能を調べたものだ。しかも除染後の数値だから、六号線を開通させるためのアリバイづくりで、開通による汚染拡散などまったく考えてもいない。今回の現地取材で、著者らはあるデータを収集し始めた。それは行政機関と同じ線量計を使った、一四km圏外の南北地域計一〇カ所の道路表面と空間の線量、そして道路表面の汚染濃度値（cpm）である。これらの数値に数カ月後、どんな変化が表れるのか。専門家の指導と意見を交えてあらためて詳しく報告したい。

[元双葉町町長井戸川克隆氏インタビュー]

「国の政策は責任逃ればかり。開通なんてとんでもない」

帰還困難区域の国道六号線開通によって放射能汚染が拡大しないか。それが県民の不要な被曝につながらないか。大変恐れています。

世界最大の原発事故が起きた近辺を通過すれば、当然被曝します。双葉町、大熊町はいまだに一〇マイクロシーベルト／時以上の放射線量。そこを縦断する国道を一般に開放して住民に健康被害が出たら、誰が責任を持つのでしょう。そもそも開通を決める際、自治体と住民で議論の場があったのか。

県知事は本来、六号線が開通したことで想定される健康被害を検証する方向へ動かなくてはいけません。それが、福島県民の健康より経済優先で政策が進んでいる。私ならどんなに金がかかろうと、第一原発全体にシェルターを被せます。何も対策せずに開通させるなどとんでもないこと。外国なら考えられません。

今回、福島県知事に立候補したきっかけは、国が勝手に住民の被曝上限を年間二〇ミリシーベルトに引き上げたことです。(注)

図４　避難指示区域の見直し

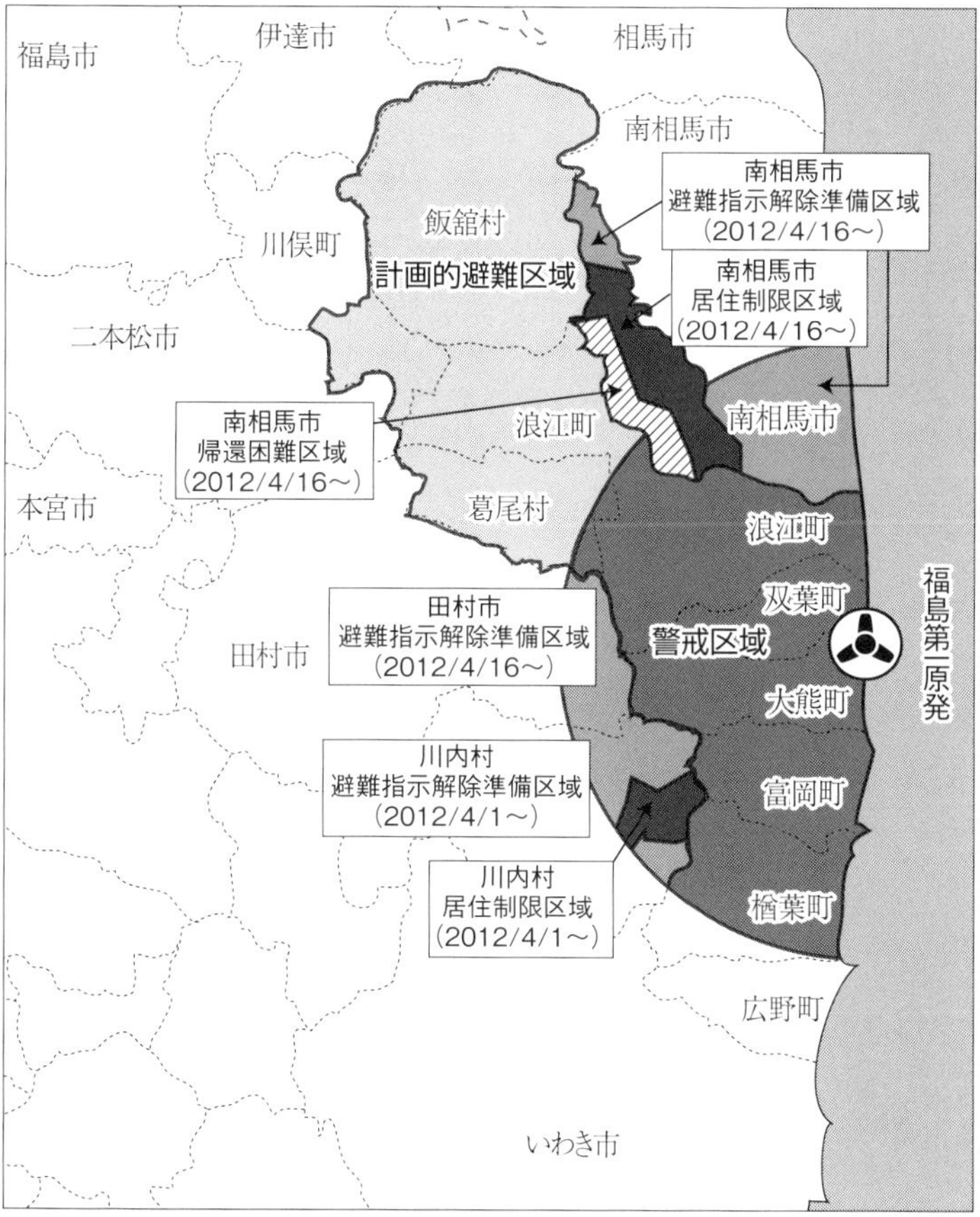

これは許してはいけません。今、真っ先にやるべきことは、住民の被爆を防止し、命を守ること。そのためには放射線量をきちんと測定し、正しい情報を提供する。その上で、県民の判断に委ねることが大切です。

除染にしても、個人線量に切り替える政策は国の責任逃れにほかならない。線量計を身に着けても、背中や足の裏の被曝量は測れません。本来ならストロンチウムやプルトニウムも含めて、現場の線量をきちんと計測する必要があるのです。

原発事故による二次被害をこれ以上起こしてはいけません。被災者が鼻血を出した話にしても、福島にはたくさん事例があります。それらを隠さず、しっかりと調べていくのが行政の務めです。

予防原則をおろそかにしたから原発事故が起きた。それを反省して、今度は県民の健康被害を予防することが何より必要なのです。

（注）避難指示区域の解除要件として、年間の積算重量が二〇ミリシーベルト以下などと定めた国の方針。

No. 16

放射能汚染は予想どおり拡散中

二〇一四年十二月八日

福島第一原発の脇二・五kmを通る「被曝国道六号線」全線開通後の線量調査第二弾

五カ所でアップ

東京と仙台を結ぶ「国道六号線」は福島第一原発事故の放射能汚染で寸断されていたが、今年（二〇一四）九月十五日に約一四km区間の通行規制が解かれた。これによって約三五〇kmの六号線全線が自由に走れるようになり、福島・浜通り地域住民の移動、流通、除染作業、さらに東北地方全体の震災復興がやりやすくなった。

しかし一方で、気になるのが安全性の問題だ。福島第一原発からわずか三kmの場所を通る六号線の汚染が、事故から三年半で完全に消え去るはずがない。実際、今回の六号線開通は、二輪車と人の歩行は禁止。窓を閉めた自動車のみ通行可で、途中停車・下車は原則禁止という条件が付いている。

表 10　測定地点

1 回目は 2014 年 9 月 16 日（全線開通翌日）、17 日、18 日実施。2 回目は同年 11 月 5 日実施。また、③と④の 1 回目のみ同年 9 月 19 日実施。

測定地点	表面cpm 1回目		表面cpm 2回目	
① 南相馬市原町区大甕林崎	220	▸	257	⇧
② 浪江町高瀬字牛渡川原	620	▸	680	⇧
③ 福島第一原発西側	4650	▸	3300	⇩
④ 福島第二原発西側	420	▸	318	⇩
⑤ 楢葉町木戸川北側	228	▸	420	⇧
⑥ 広野町下北迫	145	▸	121	⇩
⑦ いわき市「道の駅よつくら港」付近	120	▸	157	⇧
⑧ いわき市長橋町	105	▸	170	⇧

規制解除を前に大がかりな路面除染が行なわれたが、依然として高濃度の放射性物質は一四km区間に充満し続けているのだ。

そうなると心配なのが〝汚染の拡大〟だ。一日当たりの上下線合計で一万台以上（国交省・いわき国道管理事務所推計）の通行車両が、原発の南北へ汚染域を広げていくのではないか？　その可能性を探るために、著者は通行解除の翌日九月十六日から二十日にかけて六号線の路面測定を実施した。

その測定対象は、いわき市から南相馬市まで「約八〇km区間一一カ所」で、

●道路際「表面と一m高のガンマ線量値（単位：マイクロシーベルト／時）」

●同「表面と一m高のガンマ線・ベータ線（飛距離一m内外）濃度合算値（単位：cpm）」。

以上の四項目だ。なかでも〝福島第一原

発付近を通抜けてきた車両が走る側の車線が汚染度が高い〟という予測の下、各地点の〝上り線側〟と〝下り車線側〟に分けて計測を行なった。

そして、九月の数値と一カ月半後の十一月五日に実施した第二回目測定（指導：古川雅英教授）の数値を比較したのが、この表だ。結果は、

「国道六号線の路面汚染を直接的に示すcpm値については、福島第一原発を経由してきた車両が走る車線では五カ所で上昇傾向が確認できた（①②⑤⑦⑧）」

福島第一原発をはさんだ六号線の南北への汚染は、やはりじわじわと進んでいるようだ。より正確なデータ収集のため、著者らは今後も定点観測を続けていく。

No. 17

安倍政権の〝福島県民見殺し策〟が始まった

二〇一四年十二月八日

原発再稼働に突き進む安倍政権にとって、福島原発事故と放射能問題はすでに終わったことになったかのようだ。それを象徴する出来事が、今、南相馬市で進んでいる。「特定避難勧奨地点」の解除問題だ。国はいまだ高い線量を記録している地点に住民を帰宅させ、補償を打ち切ろうとしている。それに対して住民は抗議の姿勢をみせている。いったい何が起こっているのか。国の狙いはなんなのか。南相馬市に行って話を聞き、実際に現地の線量を調査してみたら、とんでもない実態が明らかになった。

避難指示したときより高い基準で国は帰宅させようとしている

福島の避難指示区域はいま三つに分かれている。年間積算線量が五〇ミリシーベルトを超える「帰還困難区域」、二〇ミリシーベルトを超える恐れのある「居住制限区域」、そして二〇ミリシーベルト以下となる「避難指示解除準備区域」だ。

そしてもうひとつ、それ以外に設けられているのが、今回問題となっている「特定避難勧奨地点」。福島県民以外はピンとこないかもしれないが、いったいどんなものなのか。

「避難指示区域以外の場所で、一年間の積算線量が二〇ミリシーベルトを超えると推定される空間線量率が続いている『地点』のことです。このような場所では生活形態によっては年間二〇ミリシーベルトを超える被曝の可能性も否定できません。そのため国が地点を特定した上で、住民に注意を喚起し、避難の支援促進をするのです」（内閣府原子力被災者支援チーム）

つまり、「帰還困難区域」のようにエリア全体を避難指示区域にするわけではないが、ホットスポット的に放射線量が高い場所を国が住所ごとに指定し、避難を呼び掛けている、そういう地点のことだ。

避難指示区域の三区分のうち、最も放射線量が低い「避難指示解除準備区域」に指定される条件は、年間二〇ミリシーベルト以下の被曝が想定されるエリア。要は、特定避難勧奨地点は、それより深刻な放射性汚染に見舞われている場所ということだ。ちなみに、国が目標とする一般人の年間被曝上限は一ミリシーベルト。その二〇倍以上にも達する危険な地点である。

二〇一一年に勧奨地点として指定されたのは、南相馬市（一五二世帯）、伊達市（一二八世帯）、川内村（一世帯）の合計二八一世帯だった。このうち伊達市と川内村は、線量が年間二〇ミリシーベルト以下に下がったとして二〇一二年十二月に解除。そして最後に残った南相馬市を「解除の要件は整った」として、今、国は指定解除しようとしているのだ。

だが、これに対して住民から怒りの声が噴出した。解除反対運動を行なう「南相馬・避難勧奨地域の会」で世話人を務める小澤洋一氏が言う。

「解除なんて、とんでもありません。指定地点の集まる市内西部は、全地域が飯舘村に近い所。まだまだ線量が高く、地表は一〇マイクロシーベルト／時を超える場所さえあるのです。もし指定が解除されれば、賠償は三カ月後に打ち切られ、避難している住民も家に戻らざるを得なくなる。危険にさらすことになってしまうのです」

しかも、国は今回の解除の基準を、避難させたときよりも高く設定しているのだという。

「勧奨地点に指定したときの空間線量率は三・二マイクロシーベルト／時から三・〇マイクロシーベルト／時の間でした。ところが、今度の解除はそれより高い三・八マイクロシーベルト／時を基準にするというのです。一八歳以下の子供か妊婦がいる世帯は、地上五〇cmで二・〇マイクロシーベルト／時以上なら避難させるなど、より厳しい基準を適用していたのに、それが三・八マイクロシーベルト／時で解除。こんなバカな話があるでしょうか」

確かに、避難指定時よりも高い放射線量で解除するとなれば、明らかにおかしな話だ。

このため、住民らで組織する「南相馬特定避難勧奨地点地区災害対策協議会」（菅野秀一会長）や「南相馬・避難勧奨地域の会」は、十月十日に参議院議員会館で指定解除に反対する政府交渉を実施。その後、安倍首相などに計五度にわたり要望書や公開質問状を提出し、十月二十四日には現地視察に訪れた高木陽介経済産業副大臣にも要望書を直接手渡した。

この間、指定解除に反対する地元住民から集まった署名は一二一〇通に上る。住民代表の菅野秀一氏がこう憤る。

「国は、放射線量を測定した結果、基準を下回ったから解除すると言っていますが、その方法だって玄関先と庭先の計二カ所を調べただけ。これでは、その世帯の放射線量を正確に表しているとは言えません。

そもそも、除染が終わっても私たちの地域は放射線管理区域と同じくらいの線量があり、人が住むには過酷な環境なのです。だからこそ、指定解除時期やその後の補償の扱いを、避難指示解除準備区域に指定されているお隣の飯館村や南相馬市小高区と同じにしてほしいです」

南相馬市の放射線量は、市役所のモニタリングポストで、〇・一八マイクロシーベルト／時前後。年間一ミリシーベルトの目安となる〇・一一マイクロシーベルト／時を上回っている。

では、特定避難勧奨地点に指定された山間部は、どれだけ放射線量が高いのか。測定機器を携えた住民に同行し、現地の様子を取材することにした。

自宅から三〇〇m地点にプルトニウムが

原町区大原地区にある佐藤信一さん宅。勧奨地点の指定世帯だ。玄関横に置かれた庭石に測定器を近づけると、いきなり三〇〇〇cpmを超える表面汚染が見つかった。この数値はどのくらい高いのか。

原発施設などに設けられる放射線管理区域では、法律によって一〇〇〇cpmを超えるものは汚染されていると判断され、外部に持ち出せない。原発事故の影響がなければ一〇〇cpm前後が普通だ。つまり、庭石は約三〇倍も汚染されていることになる。

しかも、佐藤さん宅から三〇〇mと離れていない場所からは、福島第一原発の爆発で飛んできたと見られる、毒性の強いプルトニウムが見つかっていた。

文部科学省は二〇一一年六月から七月にかけて、福島第一原発から八〇km圏内の一〇〇カ所で土壌を採取した。それを分析したところ、原発事故由来とみられるプルトニウムが検出された場所が複数あった。南相馬市からは三カ所で発見されたが、そのうちの一カ所が佐藤さん宅から目と鼻の先だったのである。

前出の小澤氏が言う。

「アルファ核種でなおかつ半減期が二万四〇〇〇年と非常に長いプルトニウムが、勧奨地点付近の土壌に沈着していることは、文科省の調査でもはっきりしました。畑仕事などで空中に舞い上がったものを吸い込んでしまえば、健康リスクは非常に大きい。国は何も対策をしていない、そんな場所に住民を戻そうとしているのです」

佐藤さんも不安げにこう語る。

「放射能汚染がこんなにひどいのに、今まで空間線量だけで判断されていたことに憤りを感じます。まだここに住むべきではないという気持ちです」

放射線量が高いのは佐藤さん宅だけでない。

別の指定世帯で馬場地区にある渡部八郎さん宅では、庭の地表五〇㎝の空間線量が三マイクロシーベルト／時、地表は六マイクロシーベルト／時を超えた。今年（二〇一四年）八月に除染を行なったにもかかわらずだ。

ここの家にふたりの高校生がいて、二人の部屋近くは、指定基準の二マイクロシーベルト／時を超える値だ。だが国は、「庭先」と「玄関先」を指定と解除の際に測定するだけなので、ほかの場所の線量がどんなに高くても考慮されないという。

「馬場地区の渡部誠さん宅にも十一月十九日に環境省の職員が測定に来ました。庭の側溝を測ると一〇マイクロシーベルト／時超。表面汚染は四〇〇〇cpmありました。住民の不安を解消するために、除染のことを『お掃除』とか呼んでましたが、私が質問しても『この汚染はたぶん取れない。清掃後に再測定することはたぶんない』と言うんです。あきれてしまいます」（小澤氏）

この原町区は宅地以外でも、とにかく汚染度や空間線量の高い場所が多い。高倉地区にある農地は十日ほど前に除染したというが、畑の土手を測定すると地表が一〇マイクロシーベルト／時を超えた。また、「釣り人がよく座る」という馬場地区の池のコンクリート製の土手は三マイクロシーベルト／時超だった。

さらに勧奨地点に指定されず今でも住民が住んでいるお宅では、井戸を囲むコンクリートが実に二万cpmも表面汚染されていたところもある。

賠償費用を抑えるために住民を犠牲にするのか

特定避難勧奨地点だけでなく、原町区の周辺地域全体が依然として放射能汚染されていることはわかった。こうした状況があるなら、まず福島県や南相馬市が、住民の声をくみ取って国に適切な対応をするよう要望するべきところだ。

だが、国に遠慮をしているのか、対応には及び腰だ。南相馬市は今年（二〇一四年）六月、丁寧な放射線測定や解除時期を適切に考えることなどを促すよう国に要望したが、県にいたっては具体的な行動を起こしていない。内堀雅雄新知事にも考えを聞こうとしたが、「個別にはお答えしていない」（広報課）と断られた。

だからというわけではないが、野党議員がこの問題について国会で追及を始めた。十月下旬、社民党の

又市征二参議院議員は、東日本大震災復興特別委員会で高木副大臣に対し、

「敷地の中に高い放射線量があるのに、年間二〇ミリシーベルトを解除の基準にするのは妥当だとは思えない」

などと国のやり方を非難。

十一月十七日には維新の党の川田龍平参議院議員も、

「さらなる除染などの対策を行なうべきであり、解除というのは時期尚早ではないか」

と疑問をぶつけた。

この中で川田氏が、子供や妊婦のいる世帯で解除の数値が指定よりも高くなることはないのかと質すと、高木副大臣は、

「妊婦、子供のいる世帯で三・八マイクロシーベルト／時を下回ったことをもって解除することはない」

と明言。ようやく一歩前進した。

だが、そもそも、国の特定避難勧奨地点の指定方法自体が乱暴すぎる。空間線量率の測定は、玄関先と庭先のたったの二カ所。これでは、そこ以外を歩いた場合の被曝は知らないといわんばかりだ。生活空間全体を丁寧に測定して住民の納得を得るという視点が欠けている。

国はなぜ、住民の神経を逆なでしてまで特定勧奨指定地域を解除したいのか。

「ひとつには、増える一方の賠償費用を抑える狙いがあります。特定避難勧奨地点に指定されると毎月ひとり一〇万円の賠償がもらえます。このため指定されなかった住民も同等の賠償を求めて、原子力損害賠償紛争解決センター（ADRセンター）に、続々と裁判外紛争解決手続きを申し立てているのです。

それに、これから避難指示区域の解除を行なっていくためには、順番として、まず特定避難勧奨地点から解除していかないと整合性が取れないという事情もあります。そして、住民の帰還を促す福島県の政策に、国として支援したいとの気持ちも当然含まれています」（政策関係者）

賠償額は確かに増えている。伊達市では、指定地点が解除された直後の二〇一三年、指定されなかった住民一〇〇八人がＡＤＲに申し立て、和解金を勝ち取った。今年（二〇一四年）十一月十八日には、新たに福島市と伊達市の一二四一人も申し立てている。

しかし、だからといって住民無視のごり押し政策が許されるはずはない。被害者救済がなにより第一のはずだ。

「空間線量が高くて不安に思っている人がいるなら、国はその意見をしっかりと聞き、住民の意向に沿って政策を行なうべきです。平時であれば年間被曝は一ミリシーベルト以下。放射線管理区域よりも高いような場所での生活を強いるべきではありません。特に子供の健康がしっかりと維持できるよう、法律での支援措置が必要なのです」（前出・川田議員）

被災者が国の犠牲になり、経済的な負担やさらなる被曝を強いられるとしたら、こんなばかなことはない。福島は安全な土地だと必死に訴え、復興や原発再稼働を目指そうとしている人たちは、特定避難勧奨地点の解除に反対する住民たちの声に真剣に耳を傾けるべきだろう。

No. 18

検証「美味しんぼ」鼻血問題［前編］

二〇一五年三月二十三日

福島を取材で訪れた主人公が鼻血を出す描写が大バッシングを受けた『美味しんぼ』鼻血問題。騒動から一〇カ月がたった先月、原作者の雁屋哲氏が沈黙を破り、ついに反論本を出版した。タイトルはズバリ『美味しんぼ「鼻血問題」に答える』。鼻血は決して風評ではないとする著者に、じっくりと話を聞いた。

――鼻血騒動のときはどんな感じでしたか。

雁屋　僕はシドニーの自宅にいたので、日本の騒ぎを最初はよく実感できませんでした。だから、小学館のマンガ雑誌『ビッグコミックスピリッツ』誌の編集者から連絡を受けたときには、「フーン」ぐらいの感じで聞いてました。

――そんなに大ごとではないだろうと。

雁屋　でも話を聞いていくと、編集部に二〇回線ある電話が朝九時から夜一〇時まで抗議で鳴りっ放しで、仕事にならないという。そのうち石原環境大臣や安倍首相までが発言し始めた。正直、「なんだこりゃ」って感じでした。

――意外でしたか。

雁屋　きちんと段階を追った議論がありませんでしたから。いきなり「鼻血は風評被害だ」「雁屋哲は風評被害をまき散らして福島県民に害を与えた」って決めつけてる。

――雁屋さんは福島を取材した後、どういう状況で鼻血を出したのですか？

雁屋　二〇一一年十一月から一三年五月にかけて、福島と福島第一原発の取材で福島を何度も訪れていました。その取材が終わってしばらくしてから、家族と晩ご飯を食べてたんです。そしたら突然こう何かヌルッといやな感じがして、右の鼻から血が出てきた。そのときはもうほんとに慌てちゃってね。だって、鼻血なんか出したことなかったから。

――今まで一度も？

雁屋　子供のときにけがをして一度出したぐらい。それが何もしてないのにいきなりドロドロドロって出てきた。ティッシュペーパーで押さえても止まらなくて。翌日も午前二時ぐらいにふっと急に目覚めて、鼻に手をやったらドロッ。やっぱりすごい出た。そんな症状が四日も五日も続くわけ。で、しようがないから東大病院へ行って毛細血管をレーザーで焼いてもらったら、ようやく止まりました。そのときの医者は、放射線との関係はわからないといっていました。

――症状は鼻血だけでしたか。

雁屋　ひどい倦怠感もあった。取材に行けば疲れるのは当り前ですが、誰かが僕の背中をつかんで地べたに引きずり込むような感じの疲労。コンピュータの前で仕事をしても二時間でアウトなんです。僕は仕事始めたらガンガンやる方だけど、それができない。部屋のベッドに横になってしばらく休まなきゃダメだった。

僕が鼻血が出たと言ったら、案内の人が「ええっ、雁屋さんもそうなの？　僕も出て困ってるんだよ」って。一緒に行ったカメラマンも、「僕はそんなひどい鼻血じゃないけど、鼻をかんだら血が出てきました」という。マンガに出てきますが、その話を元双葉町長の井戸川克隆さんにしたら「みんなそうです。僕なんか鼻血がザンザン出て、たくさんの人が疲労感で苦しんでますよ」と教えてくれたのです。

――なるほど。足かけ三年の福島取材で、トータルどのぐらい被曝したのでしょうか。

雁屋　それは測っていませんでした。それから、取材相手がマスクしてないときはこっちもしなかった。相手に対する遠慮があったんですね。今考えれば、ずっとしとけばよかった。そうしたら鼻にその微粒子がつくこともなかったんじゃないかな。でも普通のマスクだと放射性物質は通過しちゃうから、やっぱり吸い込んじゃうか。

――鼻血が出た原因は内部被曝だと。

雁屋　放射線医学の専門家である松井英介先生に何度も取材をし、内部被曝の理論をきちんと踏襲した上での「フリーラジカル説」(注)を教えてもらいました。それで、低線量被曝でも人によっては鼻血が出ることがわかりました。ところがこのフリーラジカル説って、認めない学者もいるんですよ。

＊

被曝には外部被曝と内部被曝がある。外部被曝は体の外から放射線を浴びることで、レントゲンや放射線治療もこれに含まれる。主に透過力の高いγ線やX線のため、被曝はするが放射線自体は体を突き抜けてしまう。

一方、内部被曝は放射性物質の含まれたものを食べたり飲んだり、また大気中から吸い込んでしまうこと。体外に排出されず一部が臓器や骨に沈着し、そこから透過力は弱いが勢いの強いα線やβ線などが細胞を照射し続けることでがんの原因などになるといわれている。

一度に七シーベルトの高線量を全身に被曝すると人は死ぬといわれるが、低線量でも長時間浴び続ければ細胞が破壊されることを発見したのがカナダ人医師のアブラム・ペトカウ氏で、これはペトカウ効果と呼ばれる。

自分たちの知らない説は非科学的と断罪する日本の科学者

——しかし、低線量被曝では鼻血はあり得ないとする専門家も多いですね。

雁屋　でもね、彼らは鼻血が出ない根拠を科学的に説明しないで、あり得ないと言う。御用学者が言うことは科学でもなんでもない。彼らは政治言語をしゃべっているだけです。

東大のある教授が「プルトニウムは何も怖くない。水にも溶けないし、仮に飲んだとしても排出されてしまう」と言ったことがあります。しかし原子炉が爆発すると、プルトニウムをはじめとする放射性物質は、ミクロン単位の小さな球体になってエアロゾルのような形で鼻に入るんです。（注　プルトニウムが消化管に入ると微量が吸収され、骨や肝臓に数十年間沈着し、強力で有害なα線を出し続ける。吸入すると一部がリンパ節に取り込まれて発がん性があると指摘されている)。それに、放射線の研究をしているほとんどの学者は原子力産業寄りのＩＣＲＰ(国際放射線防護委員会)の言っていることをそのまま信じている。そんな科学者の話は全然科学的ではない。

――プルトニウムを飲み込むのと吸い込む危険性は違うと思いますが。

雁屋　説明のできない事象が生じたとき、今までの常識と違うけれども、こういうことがあるんじゃないかと仮説を立て、それを実験で確かめていく。ひとつの仮説が確立したとしてもほかの人が異説を出し、ぶつかってぶつかって、最後に正しい仮説にたどり着く。それが証明されて初めて「説」になる。それが科学の筋道で、そうして一歩ずつ進んできたのが科学の歴史です。ところが鼻血騒動では、自分たちの持っている科学的な知識と知見で説明できない事象を示すと、科学的にあり得ないとヒステリックに反応し、それについて考えることを拒否する。それこそまったく非科学的です。

――低線量被曝による鼻血は新しい事象だから、まず調べるのが科学的なアプローチだと。

雁屋　原発事故後、福島などでたくさんの人たちが鼻血を経験した。それは今までの科学で説明できない事象です。だからこそ、非科学的だと言って葬り去るのではなく、研究対象にして、なぜ今までの科学で解明できないのかという方向へ向かわなきゃダメ。それをせず、最新の放射線医学も知らず、古い物理学の知識で「鼻血なんかあり得ない」「科学的に認められてない」と言うのは、その学者たちが認めたくないだけです。それに鼻血はたったひとつの症状です。放射線ってもっといろんな害を起こしてるわけですから。

——例えば、どんなことが考えられますか？

雁屋　仮設住宅に住むお年寄りが心臓の疾患で亡くなったケースでも、内部被曝が心筋に影響を与えたことも十分考えられる。こういう状態だったら、みんなで心臓の筋肉を調べるべきなのに検討すらしない。心臓だけでなく、すべての臓器に内部被曝の影響はある。イラク戦争のとき、アメリカ兵は劣化ウラン弾から出た放射性物質を吸い込んだ。その後アメリカに戻り、その妻は放射線の影響とは無縁だったのに、死産だったり生まれた子供が障害を持ってたりする例がたくさんある。チェルノブイリでも障害児がたくさん生まれている。みんな内部被曝の問題です。だから、国が年間二〇ミリシーベルトまでは安全だと言ったときは、本当にびっくりしました。

——福島が安全だと指摘する人たちは、放射線量や住民の被曝量も下がっているから大丈夫だといいます。

雁屋　今使われているホールボディカウンターで測定できるのは体内から出てくるγ線だけ。内部被曝で一番問題になるβ線やα線は体内にとどまって外に出てこないから測定できない。ホールボディカウンターの値が低いから内部被曝がないとはとても言えない。空間の放射線測定でも基本的にはγ線しか測っていない。だから値が下がったから大丈夫だっていうのは、内部被曝をまったく無視したばかな話です。

福島の人には福島から逃げる勇気を持ってほしい

——私（桐島）は事故後の第一原発で働いていたのですが、その仕事が終わってから鼻血が出始めました。三カ月間毎日のように出た。体もだるくてソファに毎日寝転がっていました。それまでにけっこう内部被曝してたので、そのせいなのか、疲労なのかはわかりません。ですが、そうした症状が出たことは事実です。だからきちんと研究してほしいですね。ところで、鼻血騒動のとき、雁屋さんの元に届いた意見には批判の声が多かったのでしょうか。

雁屋　あの騒ぎのとき、二、三週間で九〇〇通近いメールをもらいました。そのうちの九五％は僕に対する応援でした。（雁屋氏に）同感という意見や、福島県民からは「私たち言えないことを言ってくれてありがたい」という声。福島に住んでる人たちが何か言うと、変わり者と言われちゃう。だから、本当のことをはっきり言ってくれてうれしかったという意見が多くありました。

――そもそも『美味しんぼ』で、なぜ福島のことを描いたのですか。

雁屋　震災後最初に青森、岩手、宮城を訪ねて「被災地編」を書きました。そうすると取材で行く先々で、「俺たちは一生懸命やろうと思うんだよ。でも、福島第一原発があれじゃ、いつ何が起こるかわからなくて力が抜けるんだよ」っていう声を聞くんです。最初は僕もなんとか福島に復興してもらいたいと思ってた。それで予定どおり福島編をやろうとなったのです。

――私も「福島の真実編」（一一〇集、一一一集）を読みましたが、雁屋さんが福島のことを一番に思って描いているのがよくわかりました。だからこそ、鼻血のコマの部分だけ炎上してバッシングされたというのがわからない。批判する人は、全部を読んでないとしか思えないですね。

雁屋　僕は福島がすごく好きでね。本当は福島応援団のつもりで行ったんです。だから最初は内部被曝に対する考えも甘かったんです。だが、調べていくと原発事故以後の食べ物は相当に汚染されている

雁屋哲：1941 年、中国・北京生まれ。東京大学教養学部基礎科学科で量子力学を専攻。電通勤務を経てマンガ原作者になり、1983 年より『美味しんぼ』（画・花咲アキラ氏）を連載。

ことがわかった。例えば、セシウムが一五ベクレル含まれた食べ物を一日一〇〇g食べたとすると、それだけで事故前より四七倍も多く摂取することになる（注：日本分析センターが二〇〇八年に調査した日常食に含まれるセシウム137の福島市の結果から推定）。でも、国が食品の基準値を一〇〇ベクレル以下と決めたこと、みんなが食品は一〇〇ベクレル以下ならいいと思ってしまった。それに食べ物の放射線量も問題だけど、そこで農作業している人たちの被曝はもっと深刻です。

――どういうことですか？

雁屋　土壌に放射性物質がすごく含まれてるでしょう。農作業をしていて土壌を耕すとそれが舞い上がる。田んぼの周りにいるだけで風が吹けば吸ってしまう。だから食品の線量が低くなってもやっぱりダメだという結論に達したわけです。福島県庁だって僕が行ったときには〇・五マイクロシーベルト／時あった。避難指定にすべきですよ。土地の汚染はいくら除染したって取り切れませんから。

――住民の中には被曝は怖いけど、いろんな事情で避難しない人もいます。どうしたらよいでしょうか。

雁屋　本当はここに住みたくないと声を上げることです。かなりの人が声を上げたら、日本人はみんな絶対に反応して応援します。外からなんとかしろと言ってもダメなんです。ある県民が福島の人は従順でおとなしいと言っていましたが、自分の命がかかっているのだから反抗すべきです。僕がこういうこと言うと福島差別だって言う人がいるけど、それは逆。福島を差別している人だから「年間二〇ミリシーベルトでも住め」なんて平気で言えるんだ。もし福島県の人たちを自分と同じ人間だと思ったら、「福島以外に住む僕たちは年間一ミリシーベルトなのに、なぜあの人たちは二〇ミリシーベルトで平気なんだ」と疑問を持って言うべきでしょう。

――雁屋さんに対し、政治家たちはこぞって根拠のない風評だと言いました。それに対してはどう思いますか。

雁屋　風評とは、うわさやデマなど事実に即してないことを言いふらすことです。僕が言ってることは自分が体験した事実。それを風評というのはとうてい受け入れられない。風評と言う人は僕の言ったことのどこが風評かその根拠を示してほしい。誰のどの論文を根拠として、低線量や内部被曝では何も症状は出ないと言い切れるのか。そうしないと議論にならない。

――今、意見が違うと対話もできない風潮になっています。

雁屋　意見が食い違うだけでなく、福島の真実を語ると社会の裏切り者みたいな空気がある。みんなの和を乱すようなことするなって。とにかく僕はきちんともう一度議論じたい。みんながいろんな意見を言う。それをしないで縮こまっちゃって、特に福島では放射能のことを何か言うと「おかしい」って言われる。でも自分たちの命がかかってることなんです。福島の人たちには声を上げてもらいたいし、福島から逃げる勇気を持ってほしいと思います。

＊

原発事故から四年が経過し、福島の復興に水を差す恐れがあるテーマは、議論することさえはばかられる風潮が強まっている。

だが被曝問題は住民の健康に関わる重要なテーマ。すべてを風評のひと言で片づけず、きちんと議論や検証をしようという雁屋氏の意見は正論だ。なかには渦中に沈黙していたのに、何をいまさらとの声もある。だが当時、首相までもが一マンガを批判する異常な事態下で、冷静な議論ができたのかは疑問だ。次節では『美味しんぼ』鼻血問題を切り口にしながら、被曝と健康問題、それに住民帰還政策を検証する。

（注）フリーラジカル説　フリーラジカルとは対（偶数）になっていない電子を持った不安定な状態の原子や分子のことで、放射線障害の主要な原因とされている。本来、電子は対の状態で安定する。このため、フリーラジカルは正常な状態の原子や分子から電子を奪おうとして傷つけてしまう。鼻血の原因を簡単に言えば、放射性物質が鼻の粘膜に吸着された際に、放射線によってフリーラジカルが生成され、その結果、鼻粘膜の毛細血管の細胞膜が死んでしまい、血管が破れて鼻血が出るというのが雁屋氏の見解だ。この説は、低線量被曝の影響を指摘したペトカウ効果と併せて、『美味しんぼ「鼻血問題」に答える』の中で詳しく述べられている。

No. 19

検証「美味しんぼ」鼻血問題［後編］

二〇一五年三月三十日

チェルノブイリ規模の放射能汚染でも、国を信じて住み続けて大丈夫か。二〇ミリシーベルト／年という被曝レベルは本当に安全なのか。井戸川元双葉町長、放射線学者、鼻血を国会で取り上げた自民党議員らを直撃取材。

前節でもリポートした『美味しんぼ』鼻血問題が示すように、この国では今や放射線と健康不安を語ることはタブーになりつつある。そして福島原発周辺の年間被曝量二〇ミリシーボルト以下と指定された地域では、住民帰還政策が着々と進む。だが、今の福島は本当に安全なのか。あらためて検証する。

＊

『美味しんぼ』鼻血問題とは、二〇一四年五月、小学館『ビッグコミックスピリッツ』のマンガ『美味しんぼ』で、福島第一原発や福島各地を取材で訪れた主人公らが、東京へ戻ってから鼻血を出す描写をしたところ、あり得ないとの声が版元に殺到。安倍首相をはじめとする政治家も根拠がない風評だと批判した、被曝と鼻血をめぐる一大騒動だ。

念のために言っておくと、鼻血を出したのはマンガ上の創作ではない。原作者の雁屋哲氏とそのスタッフは二〇一一年十一月から一三年五月にかけて何度も福島を訪れ、実際に鼻血を出していた。前節のインタビューにも掲載したが、雁屋氏は子供の頃に一度ほどしか鼻血を出したことがなかったのに、福島取材後、断続的に出る症状が数日間続き、結局、鼻の毛細血管をレーザーで焼いてようやく止まったという。

雁屋氏が専門家の意見を聞いた上で鼻血の原因と結論づけたのは「フリーラジカル説」だ。だが、これが大バッシングを招く結果となった。では被曝で鼻血は本当にあり得ないのか。まず放射線防護学の専門家二人の意見を聞こう。

「内部被曝で鼻血が出やすくなる知見は知らないし、低線量被曝でも考えられません。鼻血が出たとすれば、数百ミリシーベルトの被曝を伴う取材活動に従事したが、鼻粘膜にβ線を発するホットパーティクル（高濃度の放射性微粒子）が付着して、局所的な被曝を与えたか。しかし、もし福島で鼻血が出るほどホットパーティクル濃度があれば、放射線計測学的な方法で検出可能なはず」（立命館大学名誉教授・安斎育郎氏）

もうひとりは、日本大学歯学部准教授・野口邦和氏。

「全身が急性症状を発症するような高線量の被曝をすると造血臓器が障害され、血小板が減少して吐血や皮下出血などをはじめとする出血を生じます。ですが、被曝で鼻血だけ起こることはないし、低線量被曝で鼻血が出ることもあり得ません。低線量内部被曝で鼻血が起こりやすくなるなどという説は、放射線関係の学会でされたこともなく、まともな査読を受けた学術誌に掲載されたこともない『珍説』です」

専門家の間でも被曝で鼻血が出るか意見は分かれている

ふたりとも「低線量被曝で鼻血はあり得ない」との結論だ。だが、広島に原子爆弾が落とされたときに現場で医療活動を行ない、以来約六〇〇〇人の被曝患者を診てきた医師、肥田舜太郎氏は「低線量被曝で鼻血はあり得ないとする学者は被爆者のことを知らないだけ」と切り捨てる。

「内部被曝をすると血液を通じて全身中に放射性同位体が運ばれ、どこか止まったところで放射線を出し続けます。症状には個人差があり、今の医学では大ざっぱにしかわからない。それなのに鼻血が出ないと断定できるほうが不思議です。軍事機密となっている米国の放射線医学データなどを使って低線量被曝の研究をしたアーネスト・スターングラス博士に話を聞いたことがあります。やはり内部被曝や低線量被曝の人体への影響は十分に考えられると警鐘を鳴らしていました」

被曝に対する個人差として肥田氏は自ら診察したケースを例に挙げる。

「ふたり並んでいた高校生が原爆の放射能を一緒に浴びました。ひとりは三日後に亡くなり、もう一人は少なくとも六〇歳まで生きていたのです」

確かに放射線への耐性が個々に違えば、低線量被曝で鼻血などの体調不良を訴える人がいてもおかしくない。第一、低線量被曝の影響はまだわからないことが多い。将来がんになるかどうかも個人差が大きいため、「確率的影響」と呼ばれるほどだ。

それに現在の科学では、被曝量によってなんらかの症状が出る閾値があるのかさえはっきりしていない。一〇〇ミリシーベルト以下の被曝で障害は出ないとする学者がいる一方、国が白血病を労災認定する基準はわずか「五ミリシーベルト×従事年数」。一・一五マイクロシーベルト／時以上の土地に住んでいたら、この基準に当てはまってしまう。

肥田氏以外にも鼻血の出る可能性は否定できないと指摘する臨床医はいる。小児科医の山田誠氏だ。原発事故後、東京在住の人からよく鼻血に関して電話で相談を受け、二〇一一年六月に福島で健康相談会をした際には、鼻血と下痢の症状を訴える人が多かったという。

「放射線障害の全容がまだわかっていないなかで軽々しくは言えませんが、鼻血が出ないとも断定できないのではないか。メカニズムはわからないが、あり得る現象だとは思います。放射線に対して感受性の強い人もいることを考えれば、原発事故後になんらかの症状が出ても不思議ではありません」

その上で山田氏は、きちんと調査すべきと訴える。

「私は二〇一一年三月から十一月にかけて福島、北海道、福岡の全六地区の小学一年生二二八人を対象に、どれだけの子供が鼻血を出したのか調べました。結果、福島が高いとは言えませんでしたが、問題はその程度の調査すらした人がいないことです。

甲状腺がん検診にしても、福島以外でも実施すれば対照ができる。それをやらずに福島の子供から八四人の甲状腺がんが見つかったのは県内の子供を一気に幅広く検査をした『スクリーニング効果』だといっても説得力がありません。きちんと調べたらまずい理由でもあるのでしょうか？」

確かに、本来なら国や行政がきちんと調べるべきことだ。それが置き去りになったまま、福島の安全

PRだけが進んでいるようにも思える。その最たるものが年間二〇ミリシーベルトは理屈からいえば殺人。被曝させておいて、あとは俺の前で死ななければいいよ、ということ」

と厳しい口調で非難する。

先に低線量被曝で鼻血は出ないと論じた安斎氏、野口氏ですら、国の施策には批判の目を向ける。

「年間二〇ミリシーベルトは非常に高い被曝レベル。年間一ミリシーベルト以下であっても、『より低く』を目指して被曝によるリスクの極小化を図ることが不可欠です」（安斎氏）

「今年、来年あるいは三年後をどういう線量以下にするのかの『参考レベル』を国が打ち出さず、曖昧なままに除染が進められ、避難指示が解除されていることが一番の問題点なのです」（野口氏）

このように被曝と鼻血の問題では、学者の見解も分かれているのが実情だ。だからこそ雁屋氏も前節で「科学的な議論を」と呼びかけたのだ。

鼻血問題を自分の政治活動に利用した議員たち

だが、安倍首相をはじめとする政治家は、『美味しんぼ』の内容を、根拠のない風評だと断罪した。

ところが、実は福島原発事故が起きた二〇一一年、国会で「被災地で鼻血を出している子供たちがいる」と、当時与党の民主党を追及した政治家がいた。自民党の熊谷大氏、森まさこ氏、山谷えり子氏らだ。しかし、いざ自民党が政権を握ると、党内からそんな声など途端に聞こえなくなってしまった。

この自民党の変節を、彼らはどう考えているのか。著者らは十日間の回答期限を設けて三人に書面で質問を申し込んだ。

結果、取材できたのは熊谷大氏のみ。彼は面談取材でこう話した。

「当時は、宮城の県南にある小学校の保険便りで、一年間に四六九人の頭痛、鼻出血の症状が出ていた。放射線の影響かどうかわかりません。でも、今後、健康に不安が出たり、症状として出てきた場合、しっかりと支援をする法的根拠が必要との考えで、子ども・被災者支援法を作ったのです」

そして、『美味しんぼ』騒動の際の安倍首相の発言に関してはこんな意見も述べた。

「もう少し寄り添った表現があってもよかったと思います。（鼻血を）風評だと言ってしまうと、不安に感じていた方は風評のひと言で済ませていいのかと感じる。そういう意味では（総理の発言は）厳しいなと感じます」

一方、森氏、山谷氏には何度も回答要請をしたが、ついに回答は帰ってこなかった。山谷議員の事務所は「担当者が今いない」と言い、担当者からの返信は一度たりとも来なかった。森議員の事務所とは数回の電話でのやりとりの後、ＦＡＸで回答を送ってもらうことになったが、回答は来なかった。結果的にウソをつかれた形だ。

自分たちが野党で攻撃するときは鼻血を利用し、与党になれば知らんぷり。福島の人たちの健康被害など、自分たちの政治活動の材料としか思ってないのだろうか。こんな議員が与党の一員として復興政策を担っているのが日本の現状だ。

チェルブイリで起こった健康被害が福島で繰り返される

それでは福島を中心として放射能汚染度はどの程度になっているのか。

二〇一三年十二月、国連科学委員会は報告書に、日本の住民の集団実効線量はチェルノブイリ事故の約一〇〜一五％と記載。環境省の専門家会議はこの報告書の健康リスク評価が妥当とし、これが一般的に福島がチェルノブイリほど汚染されていないとする根拠の一つになっている。

それが本当ならひとまず胸をなで下ろしてもいいのだが、これは数字のマジックに過ぎないと指摘するのは、福島とチェルノブイリの比較研究をする瀬川嘉之氏だ。

瀬川氏は、国連科学委員会の統計が、集団線量（平均線量×人数）で比較していることに注目した。つまり、日本全体と欧州全体で比べているため、人口が日本より数倍多い欧州のほうが掛け算の積が増え、集団実効線量は高くなる。

そこで福島とその周辺の自治体ごとに区分けして計算したところ、多くの自治体が事故直後のチェルノブイリ周辺都市の汚染に匹敵することが分かったのだ。事故後一年間で最も実効線量が高かったのは年間三・五〜四・三ミリシーベルトを記録した福島市、二本松市、桑折町。この数値はチェルノブイリ原発事故で避難区域を除き最も高かったベラルーシのゴメリと同じ区分けに入る。

次に高い一・五〜三・五ミリシーベルトは二三市町村にも上る。福島も避難区域は含まれていないが、区域外でも放射線量の高い場所に住み続けたことで、それだけ被曝量が増えてしまっている。

「ひとり当たりの平均値で被曝線量がチェルノブイリより低いとは言えない。環境省の専門家会議も内心では福島の汚染がチェルノブイリよりも低いとは思っていないはず。だからこそ、できるだけ被曝を少なくする政策を行なってほしい」（瀬川氏）

だが現実は、住民を帰還させる方向に進んでいる。

表11　国連科学委員会の報告書

チェルノブイリに比べて福島の放射能汚染は10～15％程度とリポートしたが、自治体単位で測り直すと表のように汚染度は同じくらいに高いことが判明した。健康被害も同じように出る危険性はある。

2011年福島での平均実効線量（大人）　　　単位　ミリシーベルト

3.5～4.3ミリシーベルト	福島県	福島市、二本松市、桑折町
1.5～3.5ミリシーベルト	福島県	いわき市、南相馬市、郡山市、伊達市、須賀川市、白河市、相馬市、本宮市、田村市、三春町、西郷村、国見町、大玉村、新地町、天栄村、会津坂下町、北塩原町、川俣町、鏡石町、泉崎町、棚倉町、湯川村
0.5～1.5ミリシーベルト	福島県	上記以外
	宮城県	角田市、白石市、丸森町、山元町
	茨城県	阿見町、取手市、日立市、守谷市、ひたちなか市、笠間市、かすみがうら市、土浦市、稲敷市、牛久市、竜ケ崎市、利根町
	栃木県	那須塩原市、那須町、大田原市、矢板市、日光市、塩谷市
	群馬県	みどり市、中之条町、川場村、高山村
	千葉県	流山市、柏市、我孫子市、印西市、八千代市、白石市、野田市、松戸市

1986年、チェルノブイリでの平均実効線量（大人と子供）
単位　ミリシーベルト

3.65ミリシーベルト	ベラルーシ ゴメリ
2.78ミリシーベルト	ロシア連邦 ブリャンスク
1.18ミリシーベルト	ベラルーシ モギレフ
0.56ミリシーベルト	ロシア連邦 ツーラ
0.51～1.46ミリシーベルト	ウクライナ ジトミール、キエフ、リウネ、チェルカッスイ、チェルニウツイー、ヴィーンヌイツア、イワノーフランキフスク

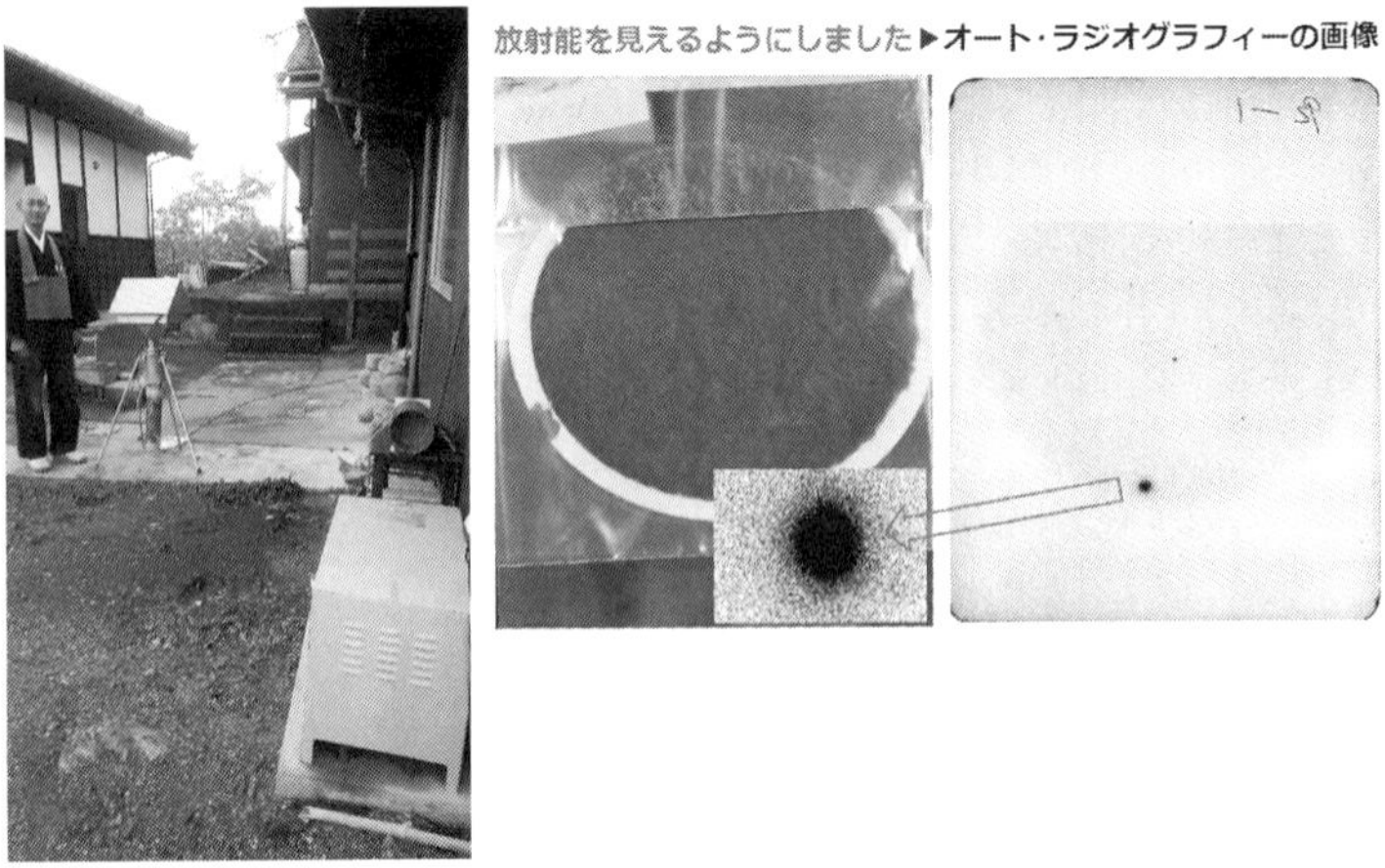
放射能を見えるようにしました▶オート・ラジオグラフィーの画像

図５　福島第一原発から約17kmのお寺に設置されたダストサンプラーからホットパーティクル（高濃度放射性微粒子）が見つかった。黒い点がβ線と思われる放射性物質。吸い込むと肺がんの危険性も。

チェルノブイリ事故では、人間の肺からプルトニウムとホットパーティクルが見つかっている。事故の際に大気中に飛び散ったプルトニウムが土壌に入り込み、それが農作業などで再び大気中に舞い上がり、肺に入ったと考えられているのだ。

一九八七年当時、ベラルーシ大学の放射線化学研究科教授のエフゲニー・ペトリャエフ氏が、交通事故や病死した約三〇〇人の肺を調べたところ、約七割からの〇・〇一～四ミクロンの大きさのホットパーティクルが見つかった。一人の肺から最大で二万個ほども見つかった例もあったという。

当時取材した朝日新聞の記者に対し、ペトリャエフ教授は、「（ホットパーティクル）一個（が放つ放射線量の）平均を一億分の一キューリーと推定すれば、二万個あれば、あと何年か後にほぼ確実にがんを引き起こす」と答えている。

こうしたホットパーティクルは、実は福島でも見つかっている。市民が福島第一原発から約一七㎞の距離にある寺にダストサンプラーを設置し、昨年（二〇一四年）十月二十三日から十一月三十日までの間に集まったチリを感光したところ、黒い点がいくつも浮かんだのだ（左頁写真参照）。

現地で確認をした京都大学大学院工学研究科の河野益近氏と、写真の画像を可視化した元岡山大学医学部神経内科講師の美澄博雅氏はともに、この黒い点がホットパーティクルであると認めた。

河野氏は、「多量のホットパーティクルを肺の中に取り込んでいる人がいることも考えられる」とした上で、行政の行なっている大気モニタリングにこう注文する。

「もし（γ線よりも危険な）α線やβ線のみを放出するプルトニウム239やストロンチウム90などが確認されれば、現在の調査手法では住民の健康被害への影響を判定することは難しいのではないか。フィルターに付着した核種と濃度も調査してほしい」

＊

原発事故から四年。いまだに原発内の汚染水は海に漏れ出し、メルトスルーした核燃料はどうなっているのかわからない。それなのに復興の旗印の下に放射能汚染の実態は覆い隠され、健康被害の心配さえ表立ってできない空気が福島には流れている。

『美味しんぼ』の中で、被曝が原因で鼻血を出したと描かれた元双葉町長の井戸川克隆氏が言う。

「私も含めた原発近隣の住民は原子炉建屋が爆発した瞬間に立ち会い、たくさんの被曝をしました。現に私は今でも鼻血が出ている。それについて県や政府にとやかく言われる筋合いではないのです。国や県は県民をうまく洗脳して「何でもないんだ」と思わせようとしているから、私が放射能の影響で鼻血が出ると言ったら慌てました。それが『美味しんぼ』鼻血騒動の構図です。

よく考えてほしいのは、今、福島で使われている『安全』や『風評被害』といった言葉は物理的、科学的な意味合いではありません。経済的な利益を守るために使われているだけなのです」

この先、放射線による健康被害で苦しむ人が出ないことを祈りたいが、国と県が本気で福島の住民の健康と安全を考えているのか疑わしい状況では、それは難しいのかもしれない。

No. 20

核燃料がメルトアウト「フクシマ地底臨界」の恐怖

二〇一五年五月四日

福島第一原発事故に新局面？　二号機の水温急上昇、三号機は謎の蒸気噴出
南相馬市など周辺地域で線量が異常上昇したことは何を意味するのか

南相馬市ばかりか、東京でも線量が異常な上昇を見せる

このところ福島第一原発の様子が、どうもおかしい。特に気になるのが二号機で、四月三日に格納容器の温度が約二〇℃から七〇℃へ急上昇した。さらに二日後には八八℃に達し、四月第三週現在も七〇℃前後から下がっていない。もちろん熱源は、四年前に圧力容器からメルトダウンした最大重量一〇〇トンとも推定される核燃料である。その温度は事故当初は太陽の表面に近い四〇〇〇℃前後で、不純物が混じって核燃デブリ（ゴミ）と化した今でも、塊の内部は一〇〇〇℃以上を保っているとみられる。つまり、二号機内ではデブリがなんらかの原因で活発化して、放熱量が高まっているようなのだ。この点について古

川雅英教授は、次のように説明する。

「一〜三号機ともに核燃デブリを冷やすために放水作業を続けていますが、その水量調整が実は大変に難しい。少ないと文字どおり焼け石に水で、多すぎれば逆に核分裂を強めて高温化し、さまざまな放射性物質を含んだ水蒸気が大量に環境中へ広がる危険性があります。これはデブリが発する〝中性子〟が水にはね返される率が高くなり、それがウランなどに照射されると、結果的に核分裂反応を促進してしまうからです」

だから東電の事故処理対策では、今のところ一〜三号機ひとつにつき、一般の水道蛇口ふたつを全開にしたほどの注水を続けている。これは巨大な原子炉格納容器と比べれば意外にわずかな水量といえる。にもかかわらず、なぜ二号機の温度は急上昇したのか、似た異変は三号機内部でも起きているようで、今年（二〇一五年）に入って何度か三号機の屋上から大量の蒸気が噴き出す様子がライブ配信映像で目撃された。

そして、もっと見逃せないのが、二号機の温度上昇と連動するように四月六日から福島第一原発周辺の「放射線モニタリングポスト」が軒並み高い数値を示し始めたことだ。なかでも原発から北方向の南相馬市では、復旧したての常磐自動車道。南相馬鹿島サービスエリアポストで通常線量の一〇〇〇倍にあたる五五マイクロシーベルト／時を最大に、市街地各所で数十倍の上昇が見られた。

それぞれの線量上昇時には福島第一原発方向からの風が吹いていた。福島県内各地の放射能汚染を詳しく調べてきた「南相馬・避難勧奨地域の会」の小澤洋一さんは、

「これら福島県が設置したモニターの高線量折れ線グラフは、異様に長い剣のように突き出た一、二本のピークが特徴的で、しかも短時間に限られた場所で現れたため、あいにく私の個人測定ではキャッチし

ていません。しかし福島県は、この後すぐに四〇カ所ものモニターを〝機器調整中〟とし、測定を止めました。この対応は、あまりにも不自然だと思います。もし本当に高額な精密モニター機器が何十台も同時故障したというなら、それ自体が行政上の大問題でしょう」

この福島第一原発二号機の温度急上昇と関係がありそうな異変は、実は福島県以外にも及んでいた。そのひとつが四月七日の東京都内だ。著者らは原発事故から四年間、都内四三カ所の「定点」で月数回ペースの線量測定を実施してきた。そして、北東・北方向から四、五mの風が吹き続けた七日正午から夕方にかけて、港区・新宿区・渋谷区・世田谷区を中心に、いつもの二～四倍に達する線量上昇を確認した。また、「原子力規制委員会」が公開した四月中旬までの全国線量グラフにも、東北各県や神奈川県などで急激な上昇が見られた。原発事故以来、東日本地域では地表面に染み込んだ放射性セシウムが一～三月頃の乾燥期に空中へ舞い上がり、線量を高める「二次汚染現象」が続いてきた。ところが今年（二〇一五）の春は、まるで様子が違う。今の福島第一原発から直接飛来した強い放射性物質が、一部地域の線量をスポット的に引き上げているとしか思えないのだ。この新しい傾向は、何を意味するのか。考えられるのは、原発内の核燃料デブリが、従来の注水冷却工程に対して異なった反応を示す状態に変化した可能性、例えば、デブリが格納容器下のコンクリートを突き抜けて地盤まで到達（メルトアウト）し、地下水と接触するなどだ。

核燃デブリが地下で再臨界したら、東日本には住めない

福島第一原発一～三号機では、巨大地震直後に圧力容器内の核燃料がメルトダウンし、格納容器の下部へたまった。それは昨年（二〇一四年）四月から七月にかけて名古屋大学が二号機で実施した、宇宙線から

生じる物質貫通力が強い「ミュー粒子」を利用した透視撮影で明らかになった。

さらに、同じく一号機格納容器内の底から約二m上の作業スペースで行なったロボット調査でも、数千℃の超高温デブリが圧力容器を溶かして落下した痕跡が撮影された。だが、デブリの正確な位置は特定されていないし、ミュー粒子画像に映った格納容器の底は平坦に見えた。となると、一〇〇トン超といわれる大量のデブリ塊はどこへ行ったのか。

半球状の格納容器底部の内側は厚さ約三mのコンクリートを敷いて平らになっているが、そのうち深さ七〇㎝ほどが事故の初期段階で高熱デブリによって溶解した可能性があると、東電はこれまで発表してきた。この推測について、東芝の元社員で原子炉格納容器の強度設計を手がけた後藤政志氏（工学博士）に意見を聞くと、

「今回のミュー粒子による撮影でわかったのは、格納容器が間違いなく壊されたことで、これは二、三号機にも当てはまると思います。しかし、ほぼ地面と同じ高さに感光板を置いた撮影なので、核燃料が実際今どこにあるのかの判断材料にはなりません。東電の言う七〇㎝という数字の根拠はよくわからない。コンクリートや建材の金属と核燃料が混ざり合った状態のデブリは、もっと下まで潜り込んでいるとも考えられます。

ただし、ほかの物質が混じって時間がたっているのでデブリの放熱量は減り、容器の底の鋼板（厚さ二〇㎝厚）までは達していないはずです。仮に鋼板が溶けても、下には五、六mのコンクリート層があるため、その内部で冷却バランスを保って止まっていると思います」

もしも核燃デブリが格納容器を突き破れば、メルトダウンから先の「メルトアウト」に進んでいくわけ

だが、実は先日、調査途中で止まったロボット装置について記者会見に臨んだ東電の広報担当者は、意味深長な感想を述べた。

格納容器内では一〇シーベルトのすさまじい高線量が計測されたが、それでも予想していた一〇分の一ほどだったと言ったのだ。その意味するところは、デブリが金属格子の作業用足場から見えるような位置ではなく、ずっと深くまで沈んでいるということではないのか。

また最近、東電の廃炉部門責任者がNHK海外向け番組で「二〇二〇年までに核燃デブリの取り出しに着手する」という作業目標について「困難」とコメントしたが、これも状況が非常に悪いことを示唆しているのかもしれない。

「メルトアウト」または「チャイナ・シンドローム」とは、核燃デブリが原発施設最下層のコンクリートすら蒸発させ、地中へ抜け落ちていく状態で、それが現実化するかどうかは後藤政志氏が語ったデブリの温度次第だ。

一～三号機内では四年後の今も各一〇〇トンのデブリが四〇〇〇～五〇〇〇℃の高温を発し、メルトアウトの危険性が高いと説く海外研究者もいる。例えば「IAEA（国際原子力機関）との〝不測事態の管理技術会議〟は、二〇一二年時点でデブリが格納容器と下層コンクリートを溶かし、自然地層へ抜け出た可能性を指摘している。具体的にはデブリが施設地下六、七mまで沈み、直径一〇～一五mの大穴の底にたまっているというのだ。

この仮説でも地殻を突き抜けるようなメルトアウト現象は否定しているが、代わりにひとつ厄介な事態を予測している。それはデブリの核分裂反応が再び爆発的に加速化する可能性だ。

通常ならば原子炉や実験施設内でコントロールされる「再臨界」は、自然状態でも一定の条件が整えば起き得る。その条件とは、前述の中性子と水、地質。ＩＡＥＡ技術会議のシミュレーションでは、まず原発地下の水流と岩盤層が中性子の反射装置となり、デブリ内のウランやプルトニウムが連鎖的に核分裂していく。そして膨大な崩壊熱で水蒸気爆発が繰り返され、新たに生まれた放射性物質が地上へまき散らされる。

「そうした自然界の臨界現象は、アフリカ中西部のウラン鉱山（ガボン共和国オクロ）で二〇億年前に起きており、当時の地層が海底にあったことが中性子による核分裂反応を二万年間にわたり持続させたようです。その点では、大量の地下水が流れる福島第一原発の地質構造も共通した条件を備えているかもしれません」（古川雅英教授）

「飛距離パワーが強く、人体を含めて通過した物質の原子を「放射化」させる中性子線そのものの威力はとてつもない。一九九九年に東海村の核燃料加工場で起きた「ＪＣＯ臨界事故」では、ウラン化合物約三kgの連鎖分裂で半径一〇㎞圏の住民約三〇万人が屋内退避した。

それに対して質量がケタ外れに多い福島第一原発のデブリが「地底臨界」すれば、東日本どころか地球規模の超巨大原子力災害に突き進む。だからこそ海外の研究者や政府関係者たちも、福島第一原発事故処理の不透明な現状に対して不安という苛立ちを募らせているのだ。

事実、この悪夢のような破局シナリオが決して絵空事でないことは、ほかの科学的事実からも裏づけられる。そのひとつ、ＣＴＢＴ（包括的核実験禁止条約）に基づき「日本原子力開発機構」が群馬県高崎市に設置した高感度の放射性核種監視観測システムには、昨年十二月から福島第一原発の再臨界を疑わせる放

射性原子、ヨウ素131とテルル132が検出され続けている。(注)

また福島第一原発二号機横の観測井戸では、今年に入って新たな核分裂反応の再発を示すセシウム134とトリチウムの濃度が高まるばかりだ。昨年秋に開通した国道六号線の第一原発から第二原発までの一一km区間でも高線量が続いている。

果たして福島第一原発はメルトアウトで地底臨界という最悪の事態を迎えつつあるのか？　今回の格納容器温度の急上昇、一部地域での急激な線量アップは、原発事故が日本政府の大ウソ「アンダーコントロール」とは正反対の、新たな危険領域へ入ったことを示しているのかもしれない。

(注)当記事掲載号の発売から八日後の四月二十八日、「CTBT高崎放射性核種研究所」は、《昨年十二月～今年三月までの「放射性ヨウ素Ｉ131」「同テルルTe132」に関しては、ＮＤ（不検出》とすべきところをＭＤＣ（最低検出可能放射濃度）値を表示したので訂正する》との旨を発表した。つまり「包括的核実験防止条約に基づく重要監視対象の二核種について、三カ月間も表示ミスが続いていたという。

No. 21

国民の命を危険に晒す「年間被曝量二〇ミリシーベルトでも家に帰れ」

二〇一五年六月二十九日

このままでは福島の大勢の子供たちががんに。

福島第一原発事故以降、放射能から逃れて避難生活を続ける人はいまだに一一万人を超える。そんななか政府は、二〇一七年三月までに（一部を除き）避難指示を解除する方針を打ち出した。健康被害に不安を抱きながらも、補償を打ち切られて帰らざるを得ない住民に対し、国は「安心を最優先し、年間被曝量二〇ミリシーベルトの基準を採用した」という。だが、放射線医学の専門家からも疑問が飛び出すような被曝量を強いて、福島の住民の健康被害は本当に大丈夫なのか。

除染基準の三六倍を記録する家でも帰らされる

二〇一五年五月二十九日、与党の東日本大震災復興加速化プロジェクトチームが安倍晋三首相に手渡した提言書には、「避難指示解除の着実な実施」という項目が盛り込まれていた。

帰還困難区域を除く避難指示区域（避難指示解除準備区域と居住制限区域）を、遅くとも二〇一七年三月までに解除するというものだ。

だが、居住制限区域は年間積算線量が二〇ミリシーベルト超から五〇ミリシーベルトあるとして指定された場所。これから住宅や道路の除染を進めたとしても、簡単に線量が大きく下がるとは思えない。そういう場所にも住民を帰そうとしているのが今回の措置だ。

解除対象者は約五万五〇〇〇人。解除の一年後にひとり月額一〇万円の精神的損害賠償が打ち切られるため、不安ながらも家に帰らざるを得ない人も多いとみられる。同時に国は、自主避難者への住宅の無償提供も二〇一六年三月いっぱいで打ち切る方針を固めるなど、住民を帰す方向に粛々とかじを切っている。

国が避難指示の解除を進める布石は、すでに二〇一四年からあった。二月に行なわれた、南相馬市の特定避難勧奨地点の解除だ。同地点は、避難指示区域外で積算線量が年間二〇ミリシーベルトを超えると推定される場所を指定したものだが、「年間二〇ミリシーベルトを十分に下回る状況」（原子力災害現地対策本部）として指定を解除した。

では、指定を解除した地点の放射線量は実際のところどうなのか。五月中旬、南相馬市で放射線測定をしたところ、驚くような高い値が出た。

馬場地区にある元指定世帯。民家の側溝に線量計を置くと見る見るうちに数値が上昇し、八・三五マイクロシーベルト／時を記録。これは除染基準の三六倍を超える数値で、その場所に一年間いれば七三ミリシーベルトという大量被曝をしてしまう。同時に表面汚染を測ると、四〇〇〇cpmを示した。放射線管理区域から持ち出せる汚染限度は一四〇〇cpmだからその三倍近い。

家の住人、渡辺オイトさん（八四歳）が言う。

「この家は除染を一回、その後、お役所の人たちが『お掃除』を一回していきました。ささっと終え、そのときの線量は教えてもらえませんでした。こんなに放射線量の高い場所が残っているなんて気持ち悪くて、孫たちをここで遊ばせられない」

だが、これだけの放射能汚染があっても、指定解除の要件には関係ないというのが国のスタンスだ。なぜなら、玄関先と庭先の二カ所だけ測定して、地上一ｍの空間線量が三・八マイクロシーベルト／時を下回ればいいからだ。渡辺さんのお宅も、それぞれの線量は〇・一九マイクロシーベルト／時と〇・二一マイクロシーベルト／時。国の基準では十分に合格の場所となってしまっている。

こうした国のやり方に、片倉地区の区長を務める菅野秀一氏は納得がいかない。

「庭先の地上一ｍは除染で線量が下がっても、雨どいの下、裏山、イグネ（屋敷林）などは依然として高く、一〇マイクロシーベルト／時の場所さえある。第一、年間二〇ミリシーベルトの被曝は原発作業員の基準に匹敵する値。そんなに放射線を浴びてしまったら、若い人にこれから健康被害が出ないか心配です。私たちには、子供や孫たちに禍根を残さないようにする責任がある」

実際、南相馬市にある通学路などの生活道路を歩きながら測定してみたが、地表約一ｍの空間線量が一マイクロシーベルト／時近い場所もあった。それだけ放射性物質が漂うなかで子供たちは毎日学校へ通っている。

怒った南相馬市の住民らが起こした行動は、国を訴えることだった。五三四人、一三二世帯が「まだ線量が高い場所があるのに解除は不当」とし、四月に国を相手取り、解除取消しなどを求めて東京地裁へ提訴したのだ。菅野氏らの原告団は四月十七日に経済産業省前で「二〇ミリシーベルトでは命を守れない」など声を上げ、その足で東京地裁に訴状を提出した。

十九歳以下ではがんが多発する

それでは国の言う「安心」の基準とはなんなのか。経産省が二〇一三年三月にまとめた「年間二〇ミリシーベルトの基準について」によると、避難の基準を年間二〇ミリシーベルトにしたのは、ICRP（国際放射線防護委員会）の放射線防護の考え方を取り入れたとある。「住民の安心を最優先し」、事故一年目から年間二〇～一〇〇ミリシーベルトの間で、最も厳しい数値を避難指示の基準として採用したという。

そして、広島、長崎の原爆被爆者の疫学調査の結果から、(1)一〇〇ミリシーベルト以下の被曝による発がんリスクはほかの要因による影響に隠れるほどとし、(2)長期間の継続的な低線量被曝ではより健康被害が小さく、年齢による発がんリスクの差を明らかにした研究もないと断言している。

つまり、福島の放射線は健康被害に結びつくリスクが低いと言っているのだ。だがこれは、都合のよい情報だけを選び、意図的な解釈をしていると考えざるを得ない点が至るところにある。

まず、年間二〇ミリシーベルトの部分。ICRPは二〇〇七年勧告のなかで被曝参考レベルを三段階に分けている。最も高いのは被曝低減対策が崩壊している緊急時で二〇～一〇〇ミリシーベルト。次が事故後の復旧段階の一～二〇ミリシーベルト。そして平時の公衆被曝一ミリシーベルト以下だ。

国が復興を加速するというのであれば、まず一ミリシーベルト以下に近づける努力を最大限にしてから住民を帰すべきだ。ところが現実は緊急時の二〇ミリシーベルトで問題なしとなってしまっている。

一〇〇ミリシーベルト以下の被曝による発がんリスクは少ないとする国の主張に臨床データを挙げて反論するのは、放射線医学総合研究所で主任研究官を務めたこともある医学博士の崎山比早子氏だ。

「旧ソ連の核製造工場から排出された核廃棄物がテチャ川に流され、流域住民が平均四〇ミリシーベルトの被曝をしました。約三万人を四七年間追跡調査したところ、線量に比例してがん死者が直線的に増えたのです。一グレイ（約一シーベルト）被曝すると、被曝していない人に比べて固形がんで亡くなる人は一・九二倍、慢性リンパ性白血病を除く白血病は七・五倍にはね上がりました。また、イギリスの高線量地域では、四・一ミリグレイ以上の被曝から小児白血病が有意に増えることもわかっています。低線量被曝だから安全だという根拠はないのです」

崎山氏によると、そもそもＩＣＲＰの委員長自身が、二〇一一年九月に開かれた国際専門家会議で、放射線に安全量はないと話しているという。

「被曝リスクをゼロにすると社会的なコストが一気に上がる。そこで、原発を使い続けるなら一万人に一人が被曝でがんになってもそれを受け入れましょうというのがＩＣＲＰの考え。そもそも成人の放射線従事者が実質的に被曝許容とする年間二〇ミリシーベルトを、放射線への感受性の高い子供や女性にも一律に当てはめるのはおかしい。国が二〇ミリシーベルトで帰還を進めようとするのは犯罪的ともいえます」

福島で原発事故当時一八歳以下だった約三八万五〇〇〇人のうち、甲状腺がんが確定したのは現在一〇三人。福島県は「現時点で事故の影響は考えにくい」というが、チェルノブイリでは事故後、小児甲状腺がんが多発した。

図６　放射線の人体への影響

放射線の人体への影響を研究したゴフマン氏のモデルを使って推計すると、福島県民 がそれぞれ一度に 20 ミリシーベルトずつ被曝した場合、1 万 2000 人が被曝によるがんで死亡する。特に放射線への感受性が高い子供への影響が強くなっている。左側の棒グラフを見ると中学生以下の子供たちが将来がんで死ぬ可能性が圧倒的に高いのがわかる。

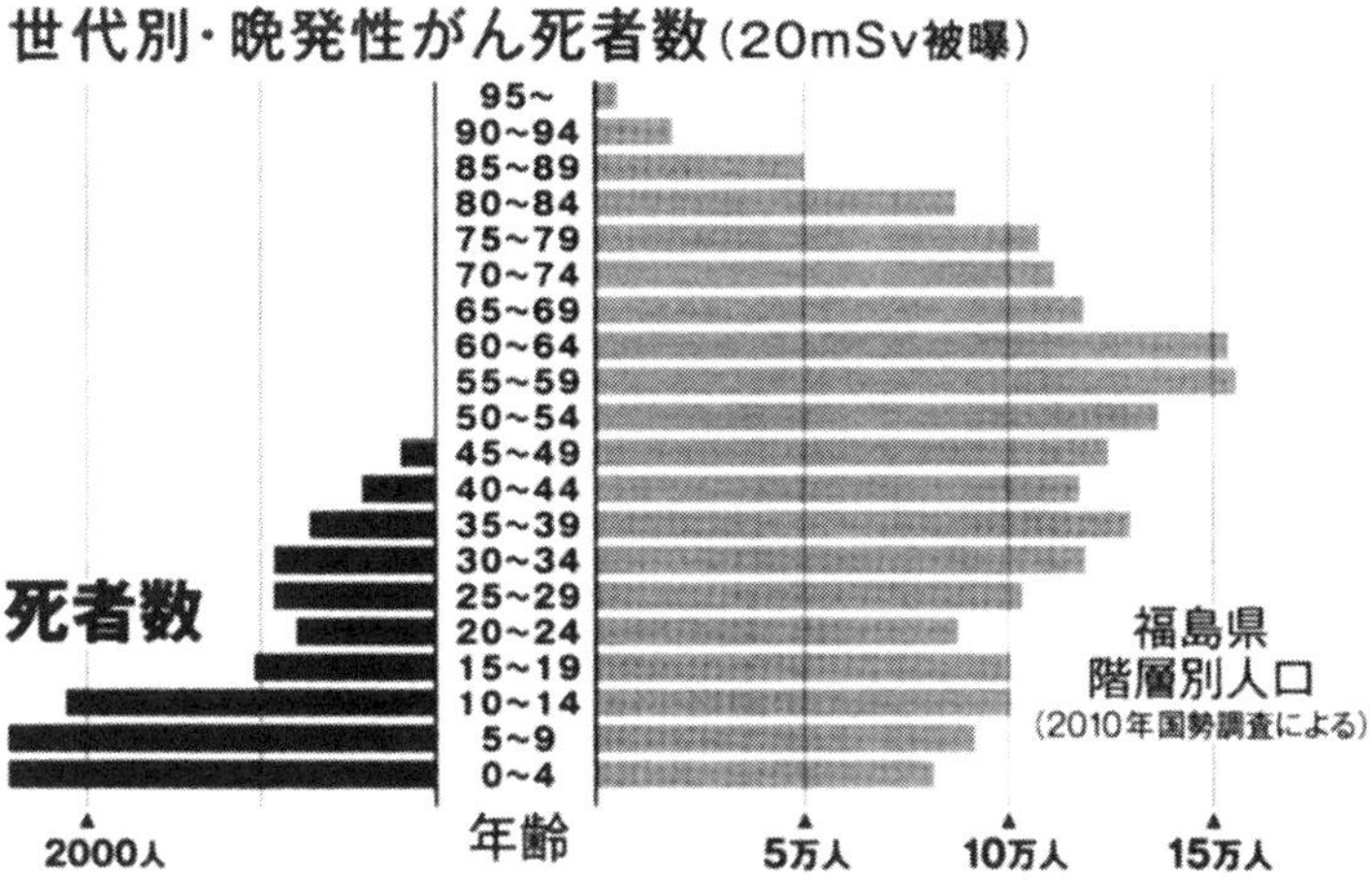

発がんリスクに年齢差はないとする国の主張と異なり、子供ががんになりやすいことを証明した人物もいる。米国人科学者、ジョン・ゴフマン氏だ。同氏は、原子爆弾を製造するマンハッタン計画に加わり、その後、ローレンス・リバモア国立研究所副所長に就任。米国原子力委員会の支援を受け、放射線が人体に影響を及ぼす研究に取組んだ第一線の科学者。ゴフマン研究家の蔵田計成氏が言う。

「彼が研究で明らかにしたのは、若い人ほど被曝によるがん死者数が増えるということです。一万人が一ミリシーベルトずつ浴びた場合、白血病を除くがん死者数は三〇歳が三・八六人なのに対して一〇歳は一〇・五人、〇歳は一五・二人と増えていきます」

つまり、子供のほうがリスクも高いと

いうことになる。蔵田氏が続ける。

「ゴフマンモデルを使い、福島県民がそれぞれ一度に二〇ミリシーベルトを被曝したと仮定すると、生涯被曝がん死は一万二〇〇〇人。うち一九歳以下は人口三七万五〇〇〇人に対して七一八〇人です。こうした年齢による発がん率の違いを記した研究成果があるにもかかわらず、国はそんなものはないと話しているのです」

福島県民全員が二〇ミリシーベルトずつ被曝することはないだろう。しかし、福島県のデータをもとに蔵田さんがまとめた福島原発事故から二九〇日後までの福島市の空間累積線量は一〇・四六ミリシーベルトに上る。これだけ被曝してしまえば、今後、子供の発がん率が上がっても不思議ではないかもしれない。

国の放射線に関する発表はウソだらけ

低線量被曝が健康に影響しないとする説のひとつに、自然放射線量が高い地帯でがんは多発していないというものがある。

鹿児島大学大学院の秋葉澄伯教授らがそのうちの一カ所、インドのケララ州カルナガパリの住民七万人弱を対象に九八年からおよそ一〇年間、追跡調査をした。その結果、年間一五ミリシーベルト近い被曝をしている人たちでも発がん率は増えていないと結論づけている。

だが実はこの調査、対象としたのは三〇歳から八四歳までで、子供と八五歳以上の高齢者は含まれていない。二九歳以下はがんになるリスクが低く、累積被曝量も少ない。また、八五歳以上は悪性疾病の医療を受けることが少なく、データの確実性に欠けるという理由から除外したという。

つまり、このインドのデータからは、福島の子供のがんのリスクについて語れないのだ。その疑問を秋葉氏に投げると「さらに研究をしないと明確な結論は出せない」とし、「インドのカルナガパリ以外にも自然放射線量が高く人口も多い地域がいくつかあるので、そのような地域で同様の調査をする必要がある」と回答。本人もまだ研究が必要なことを認めた。

事故後三〇年がたとうとしているチェルノブイリでは、今でも健康な子供が少ないという。二〇一三年と一四年にウクライナを訪れたOurPlanet-TVの白石草さんが説明する。

「免疫力、甲状腺機能、筋骨格、心臓、消化器の病気など多岐にわたる症状が出ています。現在の空間線量は〇・〇四から〇・五マイクロシーベルト／時程度ですが、内部被曝、低線量被曝、遺伝疾患などが健康被害につながっているようです。チェルノブイリでは年間五ミリシーベルトを超えると強制的移住でした。日本政府の二〇ミリシーベルトはあり得ません」

国は国連のデータを基に福島原発の事故はチェルノブイリと比べてセシウム137の放出量が六分の一というが、それも数字のマジックにすぎない。国連の統計は日本全体と欧州全体で比べたため、日本より人口の多い欧州のほうが集団実効線量は高くなる。それを自治体ごとに計算すると、チェルノブイリの汚染に匹敵するのだ。

それに「ストロンチウムやプルトニウムはほとんど放出されていない」というが、それも間違いだ。なぜなら文科省自身が二〇一二年八月、福島原発事故で放出したとみられるプルトニウムが南相馬市、双葉町、浪江町、大熊町、飯舘村の計一三地点から検出されたと発表している。しかも、このとき検出されたのは二度目だった。

二〇一五年四月から、いわき市の放射能市民測定室「たらちね」では、それまで市民測定所レベルでは測れなかったストロンチウム90とトリチウムの測定を開始した。すると早速、大熊町で採れたお茶の葉から一kg当たり三ベクレル相当のストロンチウム90が検出された。「ストロンチウム90は体内に入ると体がカルシウムと勘違いして骨に取り込まれ、細胞やDNAを壊す危険性が大きい。しかも生物学的半減期が五〇年以上もあるのです」(ベータ線放射能測定プロジェクト顧問で工学博士の天野光氏)

こんな現状で、一般住民に年間二〇ミリシーベルトの被曝を適用するのはやはり尋常ではない。

二〇一一年四月に文科省が学校の放射線量を年間二〇ミリシーベルト以下に定めたときには、米国に本部のある世界的組織、核戦争防止国際医師会議が高木文科相に宛てた書簡で「一ミリシーベルト被曝すれば一万人に一人、固形がんにかかるリスクが増える」と言及。そして、「(大人よりもリスクの高い)福島の子供たちにそのような有害なレベルの被曝を許容することは許し難く、子供たちと将来の世代を保護する義務の放棄」と強い調子で非難した。

だが、経済優先で復興加速化したい政府や地元自治体には、こうした声に耳を傾ける余裕すらない。となると結局、最後にリスクを背負うのは福島の住民だ。

No. 22
福島汚染プール問題

二〇一五年八月三日

「県立高校は小中学校よりもさらに汚染されている」最高で放射線管理区域の一〇倍の汚染を記録した所も。

「福島県の学校のプールサイドが放射能汚染されたまま、今年もプール授業が始まってしまう」

子供の被曝を心配する県民から、編集部にこんな連絡が入ったのは六月だった。早速、現地で取材すると、生徒たちは今でも信じられないような被曝環境のなかで学校生活を送っていることがわかった。原発事故から四年がたち放射能への〝慣れ〟が進むなか、福島の子供たちは知らずに健康リスクを背負ってしまっている。

著者らは二〇一四年夏、福島市の小中学校のプールサイドが「放射線管理区域」（放射線による障害を防止するために法令で定めた場所）並みに汚染されているのに、なんの対策も行なわれずプール授業が進められている実態を二度にわたってリポートした。

だがプール授業が進められているのは福島市だけではない。福島市よりも福島第一原発に近い伊達市在住の保護者が言う。

「私たちの市でも、原発事故の起きた二〇一一年からプール授業を開始した小学校がありました。一年間の積算線量が二〇ミリシーベルトを超える特定避難勧奨地点のそばなのに、大臣が視察に来るからとプール開きをしたのです。除染はしてあったようですが、それでも空間線量が一マイクロシーベルト／時を超えていたような時期。さすがに保護者からのクレームが来て、その後、閉鎖しました」

この保護者が指摘する学校では二〇一一年七月当時、地表線量が一九マイクロシーベルト／時、表面汚染は一万cpmあった。それを除染して、それぞれ一・五マイクロシーベルト／時、三〇〇〇cpmに下げたという。だが、それでも除染後の空間線量は国の除染基準の六倍、表面汚染は放射線管理区域の三倍に上る。プール自体の放射線量は公表していないが、これでは除染しても子供たちは被曝してしまったに違いない。

原発事故から四年が過ぎ、空間線量は着実に下がっていると国は言う。原子力規制委員会が二〇一四年一月にヘリコプターから計測した線量マップでは、第一原発から半径八〇km圏に近い場所では〇・一マイクロシーベルト／時以下の所が増えつつあるという。

だが、生活空間の線量は本当に下がっているのか。日頃から放射線測定をしている県民に聞くと、まだ高い場所はあちこちにあるという。

「いくら下がったと国が言っても、線量の高いホットスポットは至る所にあります。一〇マイクロシーベルト／時の場所も珍しくない。除染すれば一時的には下がります。ですが、問題は除染されていない山などから飛んできた放射性物質により、またすぐに数値が上がってしまうことなのです」（南相馬市在住の

小澤洋一氏）

そんな状況のなかで、今年も学校のプール授業の季節がやって来た。著者らに情報を寄せてくれたA氏は、「特にプールサイドに表面汚染の高い所がまだある。何も対策が取られていないため、このままでは子供たちが被曝してしまう」と訴える。

表面汚染とは、物体の表面に放射性物質が付着していること。コンクリートなどに一度付いてしまうと、細かな隙間に染み込んでしまいなかなか取れない。そこから放射線を発し続けるため、被曝してしまうのだ。

元京都大学職員で放射線計測を専門とする河野益近氏が指摘する。

「プールサイドのコンクリートに放射性物質が吸着していることで考えられるのは、そこをはだしで歩いた場合の被曝です。足の皮膚はガンマ線に加え放射線の飛ぶ距離が短いベータ線でも被曝してしまいます。一〇〇〇から二〇〇〇cpm程度での影響はわかりませんが、被曝の影響が被曝量に比例することを考慮すれば、皮膚表面がよりダメージを受けることは確かです」

どのくらいの汚染があるかは、専門の測定器が一分間に何個放射線を検出したか（cpm）を測り、それを単位面積当たり一秒間に何個放射線を出したかに換算する。一㎠当たりの個数ならBq／㎠（ベクレル／㎠）で示す。

前回、福島市の小中学校を測定したときには最高三一〇〇cpmを記録し、福島第一原発の免震重要棟並みに汚染されていたことがわかっている。

今回は前回測定しなかった高校に焦点を当て、六月中旬に福島市、郡山市、伊達市、川俣町、二本松市の県立高校のうち二〇校を測定した。学校プール内の測定取材を福島県教育庁に申し込んだが、

「学校プールサイドの空間線量率の測定結果から安全であると判断しているため、取材による測定は必要ないと考えています」（健康教育課）

という理由で許可が得られなかった。そのため、なるべくプールから近い学校敷地外を測ることにした。すると、すべての学校で最高値が、放射線管理区域を超える一〇〇〇cpm以上の表面汚染を記録。特に古いコンクリートやコケの部分で高い数値を示した。

今回使用した測定器では、一〇〇〇cpmを超えると放射線管理区域と同レベルの汚染があることを示す。つまり、本来なら八歳未満が立ち入れない場所ということだ。

参考までに、都内の学校敷地外で同じような条件の場所を測定してみたところ、最高でも七〇cpm以下だった。計測したすべての学校で一〇〇〇cpmを超えている福島がいかに高いかわかるだろう。

特に高い値を示したのが福島市内の東部。いずれも二〇〇〇cpmを超え、汚染度が高い渡利地区にある福島南高校では、プール横のコンクリートで最高二五八〇cpmを記録。地上一mの空間線量は〇・二八マイクロシーベルト／時を示した。

また、福島市と並んで高校数の多い郡山市では六校中三校が二〇〇〇cpmを超えた。

そのうちの郡山商業高校では、プールの数m下にある草むらで測定器の針が振切れ、デジタルカウントを確認すると一万二〇〇〇cpmを表示。さらに地表の放射線量は一二マイクロシーベルト／時を示した。そこに一年間いれば一〇五ミリシーベルトの大量被曝をしてしまう。

通常、一般人が被曝してよいのは年間一ミリシーベルト以下。政府が今、福島の一部住民に強制しようとしている値でも年間二〇ミリシーベルトだ。局所的とはいえ、その五倍の値を示す場所が存在し、その真上には学校プールが、横の民家には人が暮らしていた。このように、国や県がいくら除染は進んでいるといっても、まだまだ線量が高い場所はあるのだ。

もちろん、これらの数値は直接プールサイドを測定したわけではないので、プールサイドが同じように汚染されているかは断言できない。だが、同じコンクリートの上だから参考にはなる数値だろう。

そもそも表面汚染の測定データは取っていない

福島県教育庁健康教育課によると、県立高校九三校中、二〇一五年、プール授業を予定しているのは四七校に上る。今回一〇〇〇cpmを超えた二〇校でも、うち一四校がプール授業を行なうという。

プール授業をやるかは、空間線量で判断するという。

「学校除染と同時に市町村の除染計画に基づいて、地上一mの空間線量率が〇・二三マイクロシーベルト／時以上である場合にプールの除染を実施する」(健康教育課)

そのため、表面汚染の基準はなく、プールサイドでの被曝リスクを尋ねても、

「空間線量率が〇・二三マイクロシーベルト／時以下であり、人体に影響はないと判断している」

との回答が返ってきた。

そのもとになっているのが、二〇一一年四月に文部科学省が県の教育機関に示した学校野外プールの利用の考え方だ。この年の四月から水道水の管理目標値が一〇ベクレル／kgとなり、プール水も同様の数値で管理。このときにプールサイドは空間線量率で測定することを決めた。つまり、そもそも国に表面汚染を測定する考え方がなかったため、ベータ線被曝が見過ごされることになったのだ。だから、教育庁にも

表面汚染の測定データはない。

だが、取材すると実は表面汚染を測定している学校があることがわかった。著者らは、二〇一四年四月から八月にかけてプールの放射線測定をした複数の県立高校のデータを入手した。それによると、少なくとも四校が昨年（二〇一四年）かその前年に空間線量率と同時に表面汚染の測定を行ない、放射線管理区域を超える数値が出ていたことがわかつた。

福島高校では二〇一四年四月、プールサイドの三カ所で一〇〇〇cpm以上を計測。空間線量率は最高〇・三三マイクロシーベルト／時を記録していた。

今回の測定で二〇五〇cpmを示した福島東高校は、二〇一三年八月にプール内部とプールサイドの表面汚染を測定したところ、八カ所中三カ所で一〇〇〇cpmを超え。同じく一〇〇五cpmだった福島西高校は、震災後にプールの側溝を測定し、四五二〇cpmという高い汚染が検出されていた。これらの学校ではその後除染をして一〇〇〇cpm以下に下げ、それからプール授業を行なっている。だが、プールサイドをどの程度細かく測定するかは学校ごとに違うため、当然、測定漏れも考えられる。

それに、表面汚染を測定していない学校もある。測定した学校のデータから漏れなく一〇〇〇cpm以上の汚染が見つかっていることを考えると、未測定の学校では表面汚染が放置されたままプール授業が行なわれている可能性は高い。

保護者のひとりが言う。

「県に不安を訴えても、国連科学委員会が問題ないと言っているから大丈夫と言って取り合ってくれない。しかし、個別のプールをしっかりと測りもしないで、どうして判断できるのでしょうか。子供が被曝

表12　福島県県立高校のプール放射線測定結果

	高校名	最高表面汚染密度（cpm）	1mの空間線量（mSv/h）	2015年のプール授業
福島市	福島高校	1004	0.2	○
	福島工業高校	1520	0.14	—
	橘高校	1003	0.17	—
	福島西高校	1005	0.13	○
	福島明成高校	1003	0.19	—
	福島南高校	2580	0.28	○
	福島東高校	2050	0.23	○
	福島商業高校	2130	0.27	○
	福島北高校	1480	0.17	—
伊達市	保原高校	1470	0.13	—
	梁川高校	1016	0.15	○
川俣町	川俣高校	1520	0.13	○
二本松市	二本松工業高校	1050	0.29	—
	安達高校	1480	0.16	○
郡山市	郡山北工業高校	1002	0.31	○
	安積黎明高校	1220	0.26	○
	安積高校	1120	0.12	○
	郡山高校	2520	0.11	○
	郡山商業高校	12000	0.85	○
	郡山東高校	2830	0.23	○

測定はプール近くの学校敷地外など。

この表は、今回計測した高校。プール敷地内ではないが、できるだけプール近くを計測したので、プール脇でもこの線量に近いと思われる。それでも七割の高校でプール授業が行なわれた。

しないか不安に思っている母親はけっこういます。ただ、子供や学校にはなかなか言い出しづらいのです」

言い出しづらい理由は、

「高校生ともなれば、親の言うことを素直に聞いてくれません。友達がプールに入るのに自分だけ入らないというわけにもいかず、止められないのです。親としては、子供に今後影響が出ないことを願うばかりです」（別の保護者）

であれば、なおさら学校側には細かな配慮が必要だろう。

校外ランニングで内部被曝の可能性も

さらに汚染されているのはプールだけではない。

郡山北工業高校で測定していたときのことだ。生徒が部活動で学校外周をランニングしている場所を測ると、口元あたりで〇・三マイクロシーベルト／時を記録し、近くの草むらは一マイクロシーベルト／時を超えた。

これでは外部被曝と同時に、大気中に舞ったチリ状の放射性物質を吸い込んで内部被曝も引き起こしてしまう。こうした生活を三年間続けたら、健康リスクが高まるのは必至だ。

だが、学校側に危機意識はないようだ。

「放射線モニタリングは県の指導に従って毎年やっています。今年も六月からプール授業を始めましたが、その前に測定しました。空間線量が基準を下回っていたので、大丈夫だと思っています」（福島南高校）

生徒がランニングをしていた郡山北工業高校は、すべての学校が表面汚染を測定しないのは県の指示がないからだという。

「教育委員会が決めた方法で測定し、基準以内なら大丈夫と理解している。そもそも大丈夫かどうかは私たちに判断はできません。表面汚染のことは初めて聞きましたが、指示がなければ学校は測定しないでしょう。（生徒が線量の高い場所を走っていることについては）ホットスポット的に高い場所がどこかは認識していません。学校の敷地内は除染でかなり低くなっていますが」

教育庁ではすでに、①プールサイドなどへ校庭の砂を入れないよう下足や上履きの着脱場所の明確化、②水泳指導を希望しない生徒の尊重などを各学校へ通知するなどして、一定の対応策は打ち出している。それならさらに踏み込み、一部の学校が行なっている「表面汚染の測定」も義務化したらどうだろうか。

前出の河野氏が高校の対応の遅れを指摘する。

「指示がないと勝手に動けない行政機関の弊害が出ています。そもそも被曝を防ぐには、徹底的に土などをはぎ取らないとだめ。それも頻繁に除染しないと、除染していない周囲から飛んできた放射性物質で再び線量は上がり外部被曝します。土ぼこりと一緒に吸い込めば肺にとどまり、そこから細胞ががん化する危険性もある。最低限やることは、学校内の放射能レベルを細かく調べて汚染地図を作ること。そうすれば子供や親たちが自主判断できるのです」

子供を預かる学校であれば、教育者は「ひとりひとりの安全」を最優先すべき。指示がないからできない、わからないと諦める前に、自分たちで工夫して子供を被曝から守れることはたくさんあるのではないか。

No. 23

菅直人が行く「見捨てられゆく福島」第1回

二〇一五年十月十二日

高線量ゴミ処理エリアに被災者は強制帰還させる〝棄民政策〟の実態。

福島第一原発事故から四年半が過ぎた。今も終わりの見えぬ事故収束作業が行なわれ、大勢の人々が避難生活を続けているが、ここにきて政府は原発事故の被災者たちを元の土地へ戻す動きを強め始めた。

これは一見、復興が順調に進んでいるかのようだが、実際には被災地のほとんどが故郷への帰還をためらっている。その理由と福島の現状を知るために、著者らは現衆議院議員の菅直人氏とともに現地取材を行なった。

〝原発事故総理大臣〟として福島県民の大規模避難を命じ、政権交代後は〝脱原発〟活動に取組んできた菅直人氏が、今も放射能被害に苦しむ福島県内各地を訪れたとき、何を見、何を感じるのか。それを確かめるために最初に本誌取材班が向かったのは、事故で故郷を奪われた人々が暮らす伊達市内の「応急仮設住宅」だった。

図７　取材地

今回取材で訪れたのは伊達市、飯舘村、南相馬市、富岡町など。福島第一原発は陸と海から視察した。第１回は伊達市、飯舘村、富岡町の模様をレポートする。

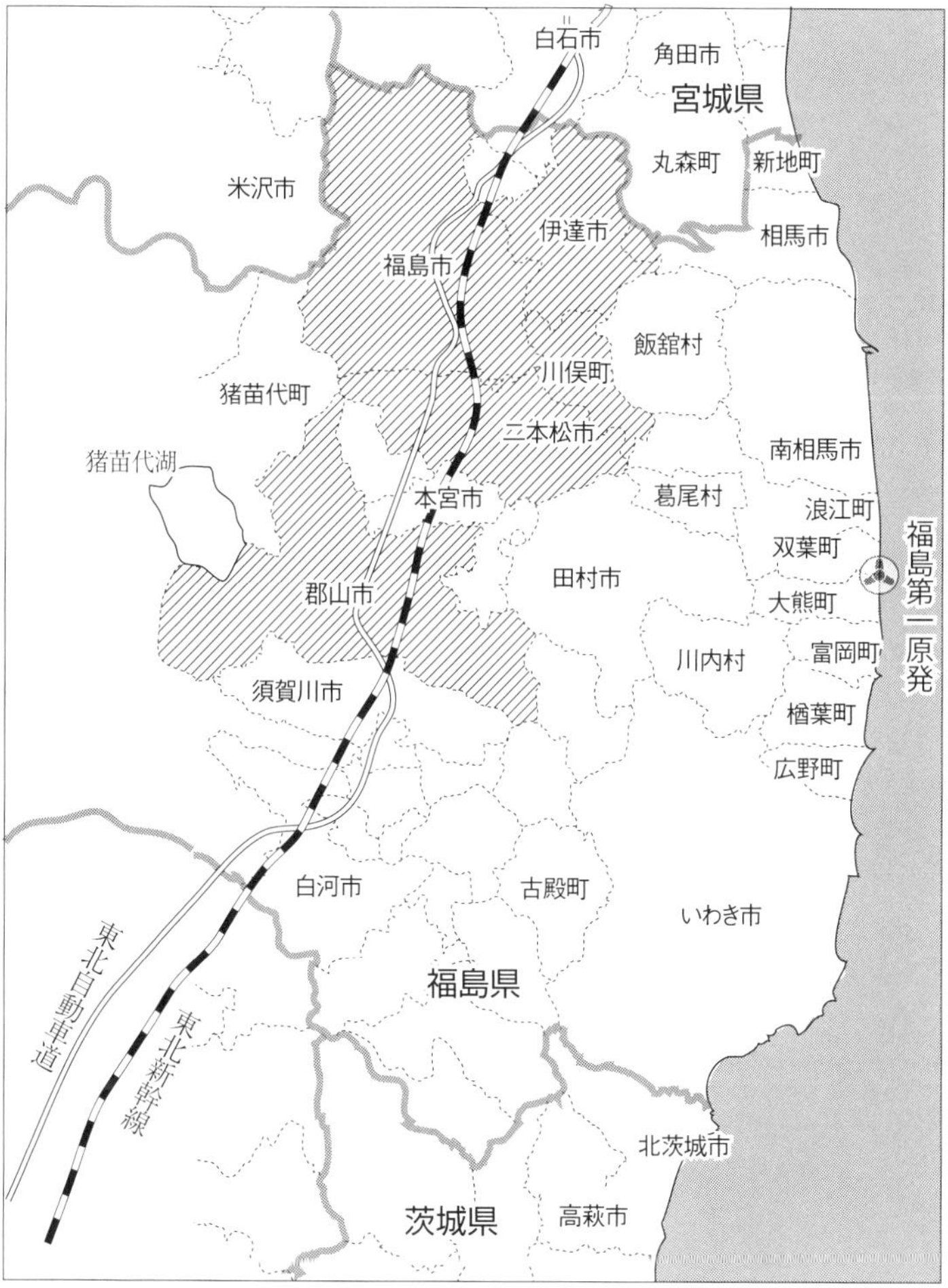

飯舘村、大熊町の住民にも帰還計画

東日本大震災の後、福島県内には約一万六八〇〇戸の応急仮設住宅が造られ、伊達市内の仮設住宅には主に飯舘村からの避難者たちが暮らしている。フクイチ（福島第一原発）の北西方向に位置する飯舘村は、事故発生当初、高濃度の放射性物質が降り注いだが、フクイチから二〇km圏の危険想定区域から離れていたため避難が大幅に遅れ、結果、村民たちが県内でも最も高い数値の初期被曝を受けてしまった。

そして全村が「帰還困難区域」「居住制限区域」「避難準備区域」の三つに分けられ、約六五〇〇人の村民すべてが段階的に住み慣れた家を離れた。二〇一二年五月には「居住制限区域」と「避難準備区域」が、区域を縮小した新しい「居住制限区域」と「避難指示解除準備区域」に再編成され、どちらも宿泊は許されないが立ち入りは可能となった。

さらに二〇一五年六月、政府はこの再編成された区域の避難指示を二〇一七年三月までに解除すると、閣議決定。これを受けて、南相馬市、川俣町、葛尾村では、自宅や田畑の手入れなどを目的とした三カ月間の「準備宿泊」を八月三十一日から申し込み制で許可し始めた。

そればかりか放射線量が格段に高い大熊町の「帰還困難区域」でも、避難住民の帰還に向けた除染作業がスタートした。この流れでいけば大熊町と同じ全域避難指定されている飯舘村でも、住民たちを呼び戻す計画が浮上しそうだ。

しかし、こうした帰還政策の加速化を、避難者たちは決して手放しで喜んでいるわけではない。その証拠に、前述の南相馬市、川俣町、葛尾村の準備宿泊も、申込件数は九月現在で避難世帯の二割以下。また九月五日には、ほぼ全員が避難していた楢葉町の避難指示も解除されたが、やはり一割ほどしか帰還を希望していない。

政府・行政と被災者の間に、こうした深い溝が広がった理由はなんなのか。

〝爺捨て・婆捨て山〟と化す福島の仮設住宅

伊達市の仮設住宅に住み続けたひとり、「飯舘村民救済申立団」の団長・長谷川健一氏は、今回の政府の閣議決定に対して、こう説明する。

「国と県が強引に進める帰村政策は、あまりに非現実的で、帰るに帰れないというのが大多数の避難者たちの一致した考えです。まず、故郷へ戻ったところで、生活基盤は放射性物質で破壊されているので、原発事故以前の暮らしに復帰できる見通しが立ちません。

しかも多くの村民は事故直後の自主避難の際に被曝させられているので、健康上の不安は時間がたつほど強まっていくでしょう」

そのため、飯舘村民の半分に当たる約三〇〇〇人は、二〇一四年十一月、加害者の東電に対して賠償金の増額を求める「裁判外紛争解決手続き（ＡＤＲ）」を「原子力損害賠償紛争解決センター」に申立てた。

しかし、政府が居住制限区域と避難指示解除準備区域の二〇一七年三月解除を決めたので、飯舘村民のＡＤＲが実現する前に帰還を急がされる展開にもなりかねない。

「仮説住宅に暮らし始めた頃は、いずれ国や県が助けてくれるだろうと信じていました。しかし四年半のうちに強まってきたのは、このまま見捨てられるのではないかという不安感だけでした。おそらく飯舘村だけでなく、ほかの被災地域の人々も同じ気持ちだと思います」（長谷川氏）

伊達市の仮設住宅では数十人の飯舘村民が、菅氏が来るのを待ち受け、集会所で口々に将来への不安を訴えた。帰還困難区域の避難者からも「再び昔の家で、安心して生活できる日が来るのだろうか？」という質問が出たが、菅氏は「今のところ、それは厳しい状況にある」と、率直に返答した。

しかし集会場を離れるとき、村民たちは菅氏に握手を求めた。今は政権の座を降りた菅氏の立場は誰もが承知しているが、それでも切実な思いを託せる数少ない相手なのだろう。この仮説住宅地を訪れた人物は現政権の要人で一人もいないという。

次の取材地へ移動する車中、菅氏は集会場で感じた印象を口にした。

「今日は日曜なのに、集会場に来られたのは六〇歳、七〇歳以上の高齢者の方々ばかり。この現実からも、福島の被災地で急激に起きている家族関係の変化がうかがえます」

事故直後、仮設住宅が建てられた頃には、一時的に子供がいる若い夫婦も入居していた。ところが一、二年のうちに他地域への転居が続出し、今では高齢者ばかりが居残る結果になった。すでに、福島県内の仮設住宅は老人福祉施設のような環境になっている。この調子では、ここはまもなく〝爺捨て・婆捨て山〟と化してしまうかもしれない。

「事故以前の地域コミュニティを取り戻すのは、もはや不可能でしょう。すでに若い世代の多くは別の土地で新しい生活基盤を築いていますから。

家族関係の復元はもちろん大切ですが、福島県内にとどまることを援助継続の必要条件にちらつかせる政策などもってのほかで、元の居住地に戻りたい人にも戻りたくない人にも、国は不公平のない手厚いフォローを約束するべきです」（菅氏）

二〇一二年六月には、フクイチ事故被災者すべての生活を経済的に援助するための超党派議員立法「原発事故子ども・被災者支援法」が施行された。そして、第二条「被災者自らの意思による居住、移動、帰還の支援」によって、被災者が県内・県外どちらに避難しても生活援助が受けられた。

しかし復興庁は二〇一五年七月十日、この支援法の基本方針改定案を発表し「今後、縮小または撤廃することが適当」と発表した。つまり、「放射線量は発災時と比べ大幅に低減し、避難する状況にない」というのが改定の根拠で、「原則（元の場所へ）帰ってほしい」とまで明言した。

この復興庁による「子ども・被災者支援法」改定案を受けて、福島県も被災者たちを県内へ引き戻す姿勢を強め、避難指示区域以外から自主的に避難した約九〇〇〇世帯二万五〇〇〇人（二〇一四年末時点）の住民が帰還する際、引っ越し費用の一部を補助すると八月二十六日発表した。

いったん県外に避難した世帯が県内に戻るなら最大一〇万円、県内の他市町村に避難して元の自治体に戻るなら同五万円を支給するというのだ。しかし福島県に見切りをつけてほかの都道府県に移住する場合は、ビタ一文の援助もない。

また、被災者全般への経済援助が打切られる時期は今のところ決定していないが、応急仮設住宅入居期限の二〇一七年三月末までという見方が強まっている。人類史上最悪の原子力事故によって、生活基盤、家族関係、将来設計を破壊された被災者たちは、それで十分に救済されるのだろうか。

放射性物質の焼却施設がひそかに続々と建設中

フクシマ事故の被災者たちを福島県内へ戻し、なるべく元いた自治体に縛りつけようとする政策は、巨額の復興予算を投じて行なわれてきた「除染事業」の〝成果〟が根拠になっている。

事故後一年目から始まった福島県内約四三万戸の宅地除染は二〇一五年七月までに約六割が完了。「避難指示解除準備地域」と「居住制限区域」の住宅除染も、来年度末までに終わらせるという。すでに福島県内の一部地域では、宅地除染の次段階となる「農地除染」が本格化している。しかし、その除染後の農地で作物を育て、昔どおりの生活を再開したいと願う地権者は少ない。

ここで問題の除染事業の実効性だが、どうも一時的な線量減らしの効果しか期待できないという意見が強まっている。何しろ福島の浜通り西側には除染不可能な阿武隈山地が連なり、市街地にも目に見えない高線量スポットがいくらでも潜んでいる。そこから移動する放射性物質が、再び除染済みの場所を汚染するイタチゴッコが繰り返されている。これは、チェルノブイリ事故にも確認されていた現象なのだ。

そのため、今のところ目に見える〝成果〟といえば、汚染物を詰めた合成樹脂製「フレコンバッグ」が果てしなく増え続けていることしかない。

二〇一一年から一二年にかけては山間部の目立たない場所にひっそりと置かれていたフレコンバッグだが、二〇一三年からは浜通り地域の農村地帯にもフェンスで目隠しされた「仮置き場」が次々に現れた。そして今では、四段、五段と積み上げられたバッグがフェンスの高さをはるかに超え、除染済みの一般家屋の庭先にも「仮仮置き場（公式名称）」がさらにある。

飯舘村内の畑地に立地する大規模仮置き場に案内してくれた「南相馬・避難勧奨地域の会」事務局長の小澤洋一氏は、フレコンバッグのピラミッドを見上げる菅氏にこう説明した。

「県内の仮置き場、仮仮置き場の総数は一〇万カ所以上といわれてます。今、問題化しているのは、バッグの老朽化が進んで破損し、内容物が環境中に漏れ出ていることです」

確かに次々にバッグを積み上げれば、最初に置いた古いバッグは圧力を受けて裂けやすくなるに決まっている。また、絶えず汚染物から放射されるガンマ線で合成樹脂の劣化は早まる。実際、見るからに古びた下一、二段のバッグには折り目がほつれたり破れかかったものが目についた。

菅氏をはじめ取材班が持つ線量計は、バッグから一m以上離れた位置でも一斉に危険アラーム音を響かせた。この汚染物ピラミッドは、一応は計画的に積まれ、内側に放射線量の高いバッグ、その外側には汚染されてない土砂を詰めた放射線遮蔽用のバッグで囲っている。しかし全体が野ざらしなので、内側のバッグがどれほど破損しているか判断がつかない。

これらのバッグをクレーンでつり上げ、トラックで別の場所へ運ぼうとすれば、破損し汚染物がこぼれ出すトラブルが続出するに違いない。しかも、住宅地域よりも桁違いに面積が広い農地除染が本格化すれば、さらに汚染物は増えていく。

著者らは今回「フクイチ沖海上取材」も実施したが、楢葉町の海岸部などにもフレコンバッグが大量に積まれていた。これが津波に襲われたら、内陸部と海に汚染物質が拡散されるのに、なぜこんな場所に置かれているのか。

そして今回の取材では、ひとつ重要な事実がわかった。昨年秋、フクイチ周辺の大熊町と双葉町の南北約一〇km、東西約五kmの広大な敷地に「中間貯蔵施設」の建造が決まったが、ここへ直接、仮置き場・仮仮置き場に山積みとなったフレコンバッグが運ばれるわけではないのだ。小澤氏によると、

「バッグに詰まった汚染物は、家屋の廃材、樹木や草、金属、土砂などの中身はさまざまなので、これらを粉砕・選別し、容量を減らす減容計画を国と県が進めています。この減容の第一工程は焼却処理です。ここで可燃物は灰にし、土砂などは乾燥させる。蒸発しやすい放射性セシウムは濾過・蓄積する計画だといいます。しかし、この工程で環境中にセシウムが再放出される危険性が大いにあるのです。

しかも焼却で減容された廃棄物はセシウム以外の放射性物質も大量に含むので、その汚染値によって保管場所が違ってきます。具体的には一kg当たり八〇〇〇ベクレル（Bq／kg）以下の汚染物は一般のゴミの処分地、八〇〇〇～一〇万ベクレル／kgは最終ゴミ処分地、そしてフクイチ周囲の中間貯蔵施設へ運ばれるのは一〇万ベクレル／kg以上の高濃度汚染物と発表されています」

中間貯蔵施設よりも先に、その前段階の破砕・選別・減容・保管を行なう新施設が、浜通りと中通りに続々と造られ始めているのだ。

そのひとつ、飯舘村蕨平の人里離れた丘陵地帯を訪れた。そこでは汚染土砂や汚泥を選別・熱処理して建築材料と耕作土壌などに再生する実験用施設の大工事が進んでいた。しかし、そんな建材や土壌が、果たして安全に再利用できるのだろうか。

「これらの新施設は、南相馬・楢葉・富岡・国見・広野などの市町村でも同時並行して建設されており、一般住民には実態がよくわかりません。行政側は本格稼働しても環境中への放射能汚染は絶対にないと簡単に言ってのけますが、それはフクイチ事故で崩れ去った原発安全神話の繰り返しにしか聞こえませ

ん。むしろフクイチ以外の地域へ、どんどん放射能汚染の危険性を拡大させているとしか考えられないのです」(小澤氏)

拡大する一方の除染の効果が非常に疑わしいことは、次節でも触れる。しかも、世界に例のない規模の除染の先には、選別・焼却処理、保管のための新施設が造られるばかりか、その建設には、東電の負担ではなく、国民の税金が無制限に投じられているのだ。

こうして高濃度汚染物を保管するフクイチ周辺では、今まで以上に放射能被害のリスクが高まっていく。中間貯蔵といっても、期限は白紙状態だ。そんな土地に無理やりに返される住民は、もはや日本国民として守られる権利を奪われたに等しい。

「我々福島県民は、今回の原発事故をきっかけにチェルノブイリはじめ原子力災害についての知識を深めてきましたが、今この段階で汚染地帯に帰れという政策は、見せかけ、形だけの復興を急ぐために住民の健康と生命を犠牲にする暴挙としか言えません」(小澤氏)

政府が公言するように、本当に〝放射線量は低下〟したのか。

取材を進めるほど「棄民政策」がエスカレートしているとしか思えないのが、フクイチ事故から四年半後の実情なのだ。さらに、南相馬市「特定避難勧奨地点」の現状、手つかずの山林汚染、フクイチ沖海上取材などで得た最新情報を、菅直人氏の現場コメントも交えて、次節にレポートする。

No. 24

菅直人が行く「見捨てられゆく福島」第2回

二〇一五年十月十九日

「被曝した阿武隈山地」がある限り、福島の危機は終わらない。

高線量の家に強制帰還させられ、ダム水汚染で内部被曝の可能性もある南相馬市民の厳しい現実

フクイチ（福島第一原発）事故から四年半が過ぎた福島県では、今、避難している人々を「ほぼ除染が終わった土地」へ帰そうとする動きが強まっている。ところが、実際に自宅へ戻ることを希望する旧住民は一、二割どまりだという。

前節で紹介したように、特に放射能汚染がひどかった「浜通り地域」では、広大な農地の除染がこれから本格化し、廃棄物が果てしなく増えていく。その処理・保管場と化す今の汚染地域では、もはや元通りの生活は困難だと旧住民たちは諦めているのだ。

そうした被災者の心情を無視して国と県が進める「棄民」のような復興政策は、南相馬市などの「特定避難勧奨地点」でも反発と不信感を招いている。

強制帰還させられる南相馬市の除染は地形的に不可能

特定避難勧奨地点は二〇一一年六月に定められ、フクイチ二〇㎞圏外で放射線被曝量が年間二〇ミリシーベルト＝〇・二三マイクロシーベルト／時を超す危険がある住宅のうち、妊婦と子供が住む世帯だけが指定された。その指定世帯は、避難先の住宅補助金、国民健康保険と税金の減免措置などを受けてきたが、二〇一二年十二月には線量が基準値を下回ったという理由で、川内村一世帯と伊達市一二八世帯が指定解除となった。つまり、支援が打ち切られたのだ。

さらに指定期間が延びていた南相馬市の一五三世帯も二〇一四年十二月に解除されたが、地域住民たちは強く抗議し、二〇一五年四月と六月に指定解除の取り消しを国に求める集団訴訟を起こした。その原告団「南相馬・避難二〇ミリシーベルト基準撤回訴訟支援の会」代表世話人の坂本建氏は、こう説明する。

「この避難勧奨地点の指定方法は非常にずさんで、各家の玄関先と庭の中央部など数カ所の、地上一mの空間線量を測るだけで決められたのです。そこで私たち住民が独自に測定すると、指定外の家の周りでも、基準値以上に汚染された場所がいくらでも見つかり、なかには屋外より室内のほうが線量が高いケースもありました。

その汚染状態は今も変わらないばかりか、南相馬では除染をしても二、三カ月ほどで再び線量が上がる場所が多く、市に頼んで再除染しても、結局はイタチゴッコになってしまうのです。しかし、除染したばかりの場所を測れば一応は基準値よりも低い数値が出せるのです。それを理由に行政側は避難勧奨地点の指定を解除しました」

著者らと〝原発事故発生時の総理大臣〟菅直人氏は、今も南相馬市内各地で高い放射線値が測定されている場所を、坂本氏と「南相馬・避難勧奨地域の会」事務局長の小澤洋一氏に案内してもらった。それらのホットスポットは、一般家屋の庭、道路脇の草地や側溝付近、用水路沿いの農道、スーパーマーケットの駐車場など実にさまざまな場所に潜み、実際、線量計が五〜二〇マイクロシーベルト/時の高い数値を示した所もあった。水田脇のあぜ道でも一〇マイクロシーベルト/時前後の場所があり、農業の再生などできるのかと大いに疑問を感じた。

除染しても線量の下がらない家屋では、市の委託業者や東電職員のボランティアによる再除染も行なわれているが、その際に集めた大量の落葉や木の枝などは、各戸が収集日に処分しなければならない。その汚染物を詰めた家庭用ゴミ袋を裏庭に積んだ、特定避難勧奨地点を解除された一軒を訪れた。この家では除染の効果もなく、庭先に置いた木製テーブルとベンチに高濃度の放射性物質が染み込んでいた。いくら土を入れ替えて線量を減らしても、すぐに三、四マイクロシーベルト/時に戻るという軒下に立った菅氏は、いぶかしげに地面と屋根を見ながら、

「この家の庭や軒下の汚染は、たぶん瓦屋根から滴り落ちる雨水によるものでしょう。しかし最初の除染では、どこの家屋でも放射性物質が降り積もった屋根部分は念入りに清掃したはずなので、今もまだ屋根から汚染水が流れ続けているのは理解に苦しみます。もしかしたら、なんらかの理由で追加的な汚染が起きているのでしょうか」

と述べた。菅氏の推察どおり、南相馬市の特定避難勧奨地点で一向に放射線量が下がらないのは〝地形〟に特別な原因がある。南相篤市の西側に「阿武隈山地」が南北に連なっているからだ。

阿武隈で現れ始めた動植物の異変・病変

二〇一一年三月十二日から四月初めにかけて、阿武隈の森林地帯にはフクイチ事故で放出された高濃度の放射性物質が降り注ぎ、今も手つかずの状態になっている。県の山岳森林地帯の除染費用は四〇〇兆円と試算されているが、そもそも物理的に森林の除染は不可能だ。前出の小澤洋一氏によると、

「その森林地帯に蓄積した汚染物質が風と水の作用で南相馬市へ下ってくるため、いくら除染しても追いつかないのです。地形条件の違いで除染の効果も大きく異なるという事実を国と県はスルーして、どこの市町村でも同じ期間内に同じ成果が上がるという単純な発想で除染を進めてきました。

しかし、南相馬をはじめ除染の効果が出にくい地域があるのは間違いない事実。そうした科学的な検討もせずに住民を一律に汚染地域へ帰すのは、まさしく私たちに〝人間モルモット〟になれというのと同じです」

最も重要な問題は、放射能汚染による健康被害の危険性だ。これについては最近、気になる生物界の異変が注目を集めた。「放射線医学総合研究所」(千葉県千葉市)の発表によると、二〇一二年後半から福島県の阿武隈山地では「モミの木」に枝の変形などの「生育異常」が起き始め、特に大熊町のモミの木では一〇〇%近い発生率になったというのだ。今回の取材を一緒に行なった、ドキュメント映画『福島生きものの記録』シリーズの岩崎雅典監督も、こう警鐘を鳴らす。

「フクイチ事故後に始まった浪江町の野生ニホンザルの研究でも、特に若い個体で血液中の白血球数が減少している事実が指摘されています。私自身の取材体験では、浜通り並みに汚染がひどかった栃木県・

図８　放出された放射性物質

フクイチから放出された大量の放射性物質は西側の山地にも降り注ぎ、雨と風の作用で浜通り地域を二次汚染している。原子力災害は今も続いているのだ。

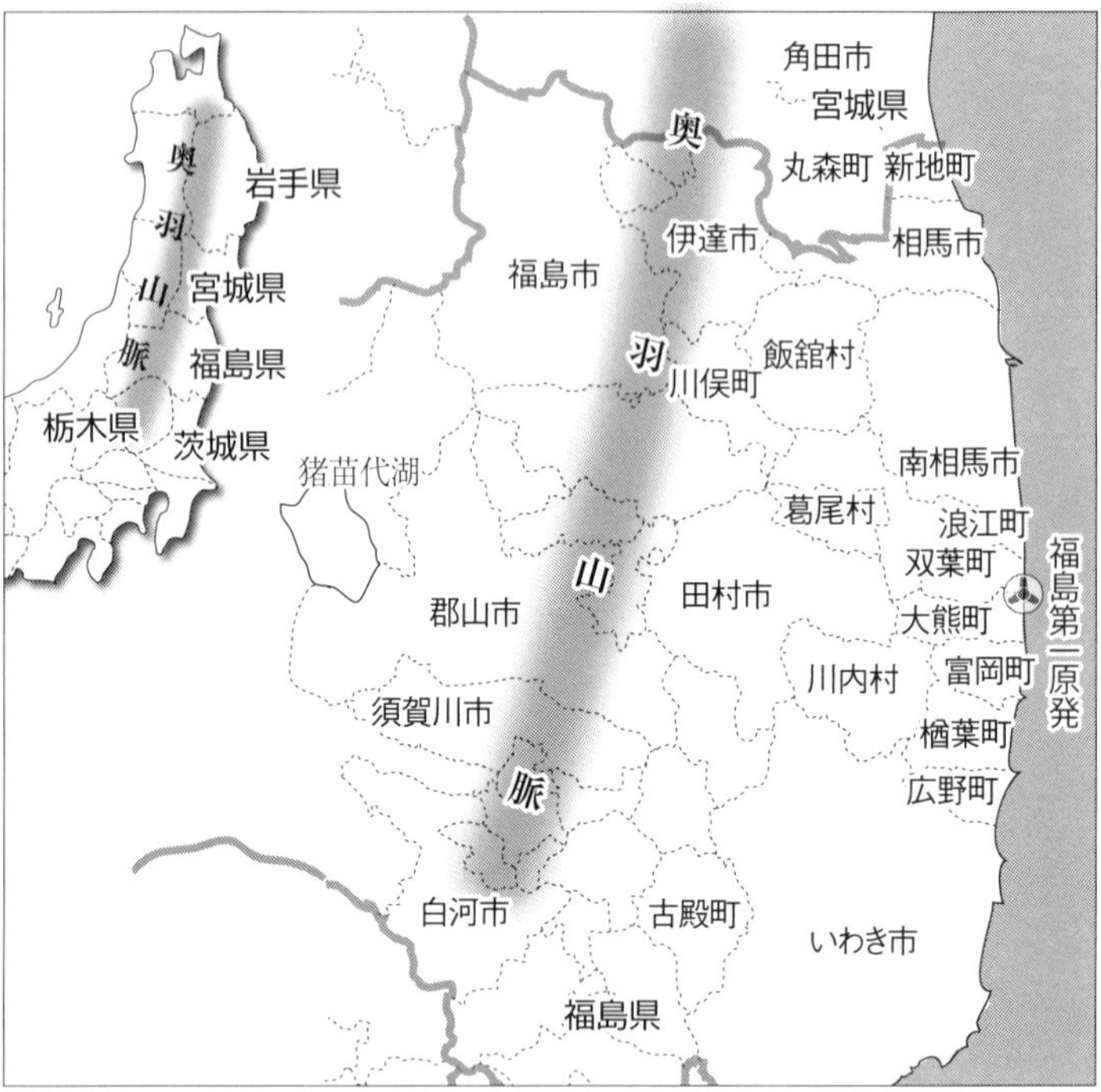

那須野にすむオオタカの繁殖率が二〇一二年から大きく低下しました。もちろん人間も生物界の一員なので、細心の注意を向けていく必要があります」

チェルノブイリ原発事故でも、五、六年後からユーラシア大陸の広い地域で放射線障害が疑われる動植物と人間の病変が多発した。しかし、今こそ厳重に警戒すべき時期に差しかかったフクシマでは、まるで原発事故が幻だったかのように復興計画だけが暴走している。

オリンピック開催を控え、巨大原子力災害の記憶を国際的にも風化させるには、被災地域への住民復帰が最も効果的だと日本政府はもくろんでいるのか。

高濃度のセシウムがダムの水に流れ込んだ

二〇一三年五月に、著者らは南相馬市西部にある「鉄山ダム（標高約一九〇m）」の上流で三〇〇マイクロシーベルト／時を超す高線量を確認した。それから約半年ごとに同じ地点を測定したところ、一三年十一月が約一二〇マイクロシーベルト／時、二〇一四年五月が約七〇マイクロシーベルト／時、一四年十二月が約四〇マイクロシーベルト／時、そして今回の取材では一〇～二五マイクロシーベルト／時だった。つまり、この阿武隈山地中腹部に当たる場所では、現在までの二年二カ月間で、汚染が五％以下にまで低下したことがわかった。

しかし、これまで五回の測定に同行した小川は、この線量減少の早さは、むしろ危険な現実を意味していると言う。

「福島第一原発事故で阿武隈山地に大量降下したセシウム137のガンマ線は、半減期が約三〇年間なので、核崩壊によってこれほど急に線量値が下がることはあり得ません。これは間違いなく、二年余りのうちに、高濃度のセシウム137を含む枯れ草や表土がほかの場所へ移動したと考えられます」

この鉄山ダムに流れ込む渓流沿いの林道にはめったに人が立ち入らず、人の手で除染された形跡はない。測定地点は緩やかな坂のカーブが谷側にせり出した五m四方ほどの草地で、道を挟んだ山側には森林が広がっている。この四五度近い急斜面の森林から雨水と一緒に放射性物質が道へ流れ下り、いったん谷側の草地にたまって蒸発を繰り返すうちに濃度が高まったと、以前から小川は推測していた。

だとすれば、その三〇〇マイクロシーベルト／時もの放射線を出していた汚染物はどこへ消えたのか。

「二〇一三年五月頃に濃縮のピークに達した放射性物質は、草地から五mほど下の渓流へ徐々に流れ落ち、約一km下の鉄山ダムと、その先の横川ダムへ運ばれたと考えられます。そのセシウムが付着した汚染物の大部分は両ダムの湖底にたまり、微小な粒子は、さらに下流の南相馬市内へ流れたはずです。同じような汚染物の移動は阿武隈山地の至る所で起きているとみられ、これから本格的に山側の放射性物質が低い市街地と農地へ広がっていく恐れがあります」（小川）

鉄山ダムと横川ダムは、南相馬市を中心とした浜通り地域へ、農業用水を供給しているので、人体の「内部被曝」が心配される。それ以外にも、阿武隈山地から東へ下る小さい河川や勾配地形は無数にある。山から吹き下ろす風も放射性物質が付着した塵を運び、それが民家の屋根や庭先などをしつこく汚染し続けているのだろう。ただし、福島・浜通り地域の放射線量を高止まりにしている元凶は阿武隈山地だけではない。もうひとつは、今も事故収束作業が続くフクイチだ。南相馬市の取材後、われわれはフクイチに向けて移動した。目指すは国道六号線がフクイチに最も近づく大熊町夫沢《おっとざわ》地区だ。

フクイチを前に菅氏が語り始めた「事故現場に乗り込んだ真相」

二〇一四年九月、安倍首相が大熊町と双葉町の核廃棄物「中間貯蔵施設」建設予定地を視察訪問する直前、福島第一原発と第二原発を通る国道六号線の約四〇km区間が通行規制解除になった。その結果、福島県内の交通事情は飛躍的に改善されたが、一方で一日何万台もの通過車両によって新たな汚染拡大が始まっている。

六号線開通後、このフクイチ西側約二・五kmの夫沢で行なった二回の測定では、地上一mのガンマ線量は八〜一〇マイクロシーベルト／時だった。今回もまったく数値は変わらず、測定器のセンサーを原発施設へ向けると、さらに三〜五マイクロシーベルト／時ほど上がった。空気中にも放射性物質の塵が漂っているらしく、少し強い風が吹くと線量値も変化した。やはり今も浜通り地域で続いている汚染は、山だけでなくフクイチにも原因がありそうだ。

夫沢地区では大震災で壊れたままの農家と荒れた田畑が広がり、この土地で間もなく本格的な汚染物「中間貯蔵施設」の建設工事が始まる。フクイチの原発建屋は田畑の先の林に隠れて見えないが、高さ一二〇mの「ベントタワー（排気筒）」だけは白い姿をのぞかせている。

菅氏は、四年半前に深く関わったその構造物をしばらく無言で眺めてから、堰を切ったかのようにフクイチ事故初期段階の体験を細かく語り始めた。

まず二〇一一年三月十二日早朝、一号機爆発の約八時間前に菅総理は自衛隊ヘリでフクイチを緊急視察した。その行動が作業現場の混乱状態をより悪化させたと、後に国会や新聞報道で批判を浴びたが、実際には何が起きていたのか？

「三月十一日の夕方までに全電源喪失が明らかになり、午後七時過ぎに原子力緊急事態宣言を発令しました。その後、一号機格納容器の圧力が上がり続け、爆発の危険性が高まったので、危機回避の手段はベント（緊急排気）しかないと考えました。最初、原子力安全・保安院（当時）は二号機が危ないと予測しましたが、十二日午前〇時過ぎからは一号機爆発の危険性が高まったので、東電からの要請を受けてベント開始を午前三時に予定していたのです。

しかし予定時刻を過ぎてもベントの報告はなく、現場と東電からの連絡もない状態になり、とにかく現場の責任者から直接話を聞くことが重要と判断し、六時過ぎに官邸を発ちました。敷地外でヘリから車に乗り換えて到着した構内は予想以上に緊迫し、走り回る職員や作業員の人々は総理大臣が来たくらいで仕事を中断するような生易しい状況ではありませんでした。免震重要棟の二重扉を通ったときも、放射能の侵入を非常に警戒していたようで、『早く入れ！』と誰かに怒鳴られました。だから一部のマスコミが報じたように、私の視察が現場の作業進行を妨げたという事実はありません」

その免震重要棟の内部も混乱の極みにあり、廊下は人でごった返し、床には疲労した作業員が横たわって休み、まるで野戦病院のような光景だったという。

「とにかく吉田昌郎所長（当時）とじかに会い、ベントが遅れている作業上の理由を聞き、決死隊をつくってやり遂げるという決意も確認できました。また、現場職員と東電本社の意思疎通がまったくうまくいっていないこともわかり、それが何回も東電本社へ出向いて〝フクイチ全面撤退〟の方針を思いとどまらせるきっかけにもなったのです」

吉田所長は、不幸にして二〇一三年七月に死去。その後に公開された「吉田調書」からも、事故現場と東電本社に方針の食い違いがあったことがわかる。同時に吉田調書には、現場責任者として東電社長と菅総理どちらに対しても反感を抱いた節も読み取れる。しかし、「もし仮に三月十二日の朝に時間が逆戻りできるとしても、やはり私は、再び同じタイミングで事故現場へ飛んでいくでしょう」(菅氏)。

菅総理がフクイチ視察を終えて官邸に待機していた十二日の昼過ぎ、一号機の炉内圧力は一時的に低下し、ベント操作は成功したかに見えた。しかし結局はメルトダウンが防げず、午後三時三六分に水素爆発が起きた。事故後二年間に四つの調査委員会が膨大なページ数の報告書をまとめたが、実はベント排気筒から抜けきれなかった可能性など、新しい疑問点が生まれている。フクイチ事故はまだまだ多くの謎が残されたままなのだ。

そこで著者らは今回、菅直人氏にあらためてフクイチ構内に入ってもらう取材を東電に申請したが、日程上の理由で実現しなかった。また二〇一三年十一月にも実施した海上からの視察に再度チャレンジし、測定用の海底砂も採取した。

この取材でわかった驚きの新事実は、次節で詳しくご紹介する。

No. 25

菅直人が行く「見捨てられゆく福島」第3回

二〇一五年十月二十六日

地中にメルトアウトした核燃料デブリが深刻な海洋汚染を引き起こしている。
フクイチ沖一・五㎞から事故現場を視察し、海水・海砂を採取してわかったこと。

フクイチ（福島第一原発）事故から四年半が過ぎ、「棄民」ともいえる住民帰還政策、被災地で疑問視されている除染事業の効果などの問題を、著者は二回にわたり紹介してきた。最終回は、二〇一五年七月に福島沖の海上から見たフクイチの現状をリポートする。

この海上取材は二〇一三年十一月に次いで二度目。今回も前回と同じく、いわき市「久之浜港」からチャーター船で約三〇㎞北のフクイチ沖へ向かった。福島の海岸線には高さ二〇m～三五mの断崖絶壁が延々と続き、今回も崖のあちこちから湧き水が白い筋を引いて海へ落ちる景観が見物できた。しかし、この阿武隈山地から地層内を移動してくる豊かな地下水が、フクイチ事故現場の収束作業を手こずらせている。

津波が再び襲う場所に放射性廃棄物の山が

出港から約三〇分後、福島第二原発を過ぎた富岡町の沖で、一年八カ月前にはなかった異様な光景が目に映った。富岡港の低い海岸線が、横一文字に黒く染まっていたのだ。双眼鏡で見ると、それは海すれすれの位置に積み上げられた、とてつもない数のフレコンバッグだった。この富岡町の海岸には、大津波で発生した大量の瓦礫と除染廃棄物の仮置き場、仮設焼却施設が新設されているが、陸側からは人目につきにくい場所だ。富岡町、浪江町、飯舘村、南相馬市などの農村地域や市街地にある汚染物仮置き場の多くは、当初二、三年間と決められた土地借用契約期限を過ぎ、地権者の怒りが強まっている。これから本格化する農地除染に向けて大規模な仮置き場を確保するには、津波で無人化した海岸地帯しか残っていないのだ。震災前から福島沿岸の移り変わりを見守ってきたチャーター船のクルーが、こう語った。

「富岡町は高さ二〇m以上の大津波に襲われ、港湾施設と海から二〇〇m離れたJR常磐線・富岡駅は完全に破壊されました。その際に出た大量の震災瓦礫は、二〇一一年の夏から五〇〇mほど陸側に入った水田跡にシートで覆って保管されています。海岸部にフレコンバッグを積み始めたのは昨年の前半からで、あれよ、あれよという間に増えてしまいました」

衛星画像を見ると、この海辺の仮置き場は富岡港を中心に海沿い約一km、奥行き四〇〇～五〇〇mの広大な面積を占めている。だが、その海抜は二～四mしかない。二〇一一年から震災瓦礫を積んだ水田跡も海抜八m以下。しかも上を覆うシートは大部分が劣化して破れている。また津波が押し寄せれば、これらの汚染物は内陸へぶちまかれるか、引き波で沖へさらわれる。

その一方で、二〇一五年七月には富岡漁港の本格的な復旧工事が始まった。しかし、今後もフレコンバッグが増え続けていく場所で、原発事故以前と変わらない漁業が再開できるだろうか?

この海上から眺めた富岡町の現状からも、四年半のうちに拡大してきた福島復興政策の矛盾と迷走ぶりが分かった。

ベント塔の腐食が二年前より拡大

さらに取材船は富岡港沖から北上し、海上保安庁へ事前に航行予定を報告していたフクイチの規制海域へ近づいた。まずフクイチ構内南側に林立する青と灰色の汚染水貯蔵タンクが見え始めた。前回よりも五、六基ほど増えているようだ。

そしてフクイチ沖一五〇〇mの接近限界ラインへ迫ったとき、急に取材スタッフの携帯に非通知の電話がかかってきた。海保からの連絡で、「取材は予定どおりでしょうか。貴船の位置はレーダーで把握していますので」とのこと。「全部見てるので変なことはするなよ」ということだろう。気がつくと、いつの間にか三㎞ほど沖合に海保の大型巡視船が来ていた。

この船上取材にも同行した菅直人氏は、二〇一一年三月十二日のフクイチ緊急視察の際に、自衛隊ヘリから一号機爆発八時間前の構内全体を見ていたが、海上からの視察は今回が初めてだった。久之浜港を出てからフクイチ沖到着まで、ほとんど無言で陸側の風景に目を凝らしていた菅氏は、エンジン音が止まったデッキで最初の感想を述べた。

「こうして海側から水平方向に福島第一原発の立地を見ると、もともとあった高さ三五mの断崖を、わざわざ大工事で切り崩して建設された不自然さがあらためて実感できます。この福島県沿岸に延びた独特な断崖地形は、長年にわたって何度も大津波に削られてできたことは最初からわかっていたはずなのに、大津波の危険性を無視して冷却用海水を取水しやすい低い場所へ原子炉施設を置いたのが根本的な誤りなのです」

その誤りが津波による全電源喪失で、取り返しのつかぬ大惨事を招いた。三月十二日に一号機、一四日に三号機、十五日に四号機と次々に建屋が吹き飛んでいったさなか、当時の菅総理が日本の将来を最も憂慮したのはいつだったのか。

「もちろん爆発が起きるたびに事態の悪化に寒気がしましたが、特に強い危機感を抱いたのが四号機です。四号機の使用済み燃料プールには定期点検のため使用中の核燃料が移されていました。事故発生直後からこのプールの冷却水が八五℃まで上がり、蒸発して燃料棒が露出する寸前までいきました。そうなるとプール内でメルトダウンが起きて毒性の強いプルトニウムなどが大気中に拡散し、日本どころか北半球全域に被害が及んだでしょう。偶然、隣り合わせの原子炉上部から水が流れ込み、最悪の事態が回避されたことが、正直に言って今でも信じられない気がします」

前回二〇一三年十一月の海上取材（本書では記事をカット）は、ちょうど四号機から使用済み燃料棒の取り出しが始まる直前だった。その作業は二〇一四年十二月に完了したと発表されたが、今も四号機の全体が事故後に急造された処理施設の内側に隠れ、内部の様子はわからなかった。

前回の取材当時は、大津波が激突した名残の瓦礫や太いパイプ類の残骸などが、まだ海側のタービン建屋付近に放置されていた。

しかし、それらも今は片づけられ、代わりに二〇一四年からフクイチ港湾の間際で地下工事が始まった「凍土遮水壁」の関連機材らしきものが置かれていた。そうした変化から、フクイチ事故の収束作業が少しずつ進んでいることは理解できた。

だが、時間経過とともに新たな破滅的事態を招きかねない変化も進行していた。それは、一・二号機陸側の中間部にそそり立つ「ベント（排気）塔」の老朽化だ。この高さ一二〇ｍの巨大な煙突本体と周囲を支える鉄骨には、二〇一三年の東電発表でも八カ所の大きな亀裂が見つかっているが、今回の観察でも特に地上四〇ｍから六〇ｍ付近の腐食が激しく、濃い赤サビが浮き出た面積が前回よりも広がっていた。

煙突本体の根元と亀裂部分では毎時一〇シーベルトの致死的な高線量が計測されているので、その内側にはもっと危険な放射性物質が潜んでいることは間違いない。

事故以前には、ベント塔のサビや腐食は人の手で補修ができたのだが、今は線量が高すぎて誰も近寄れない。そのため、近い将来、ベント塔が倒壊する危険性は非常に高く、そうなれば事故の収束作業だけでなく、東北地方の復興計画にも重大な支障を来すだろう。

やはり依然として、この巨大原子力災害は安倍総理がいう「アンダーコントロール」とはかけ離れた状態にある現実を痛感した。

海水と海砂を分析。核燃料デブリは地中にメルトアウト

フクイチで今も続いている危機は、ベント塔の老朽化だけではない。事故発生以来、港湾内外の海水から検出される放射性物質の濃度も上昇するばかりなのだ。これは構内の地面から流れた汚染水と、フクイ

チ施設の地下を流れる汚染地下水が、海へ漏れ出ている影響としか考えられない。さらに、一〜三号機から溶け落ちた大量の核燃料デブリが地中へメルトアウトして、地下水流の汚染をより高めている可能性もある。そこで著者らは、フクイチ沖一五〇〇ｍの「海水」一リットルと、海底（深さ一五ｍ）の「海砂」約三kgを採取し、専門機関に測定を依頼した。その結果、事故当時に大量放出された「セシウム137」（半減期約三〇年）と「セシウム134」（同約二年）が検出され、やはりフクイチ事故の影響が続いていることがわかった。

さらに重要なのが、セシウムと同じくウラン燃料が核分裂した直後に放出される「ヨウ素123」（同約一三時間）が、何度か変化して生まれる同位体の放射性物質「テルル123」（同約六〇〇兆年）も微量ながら検出されたことだ。

この海水は、採取一日後から約四七時間をかけて測定したので、微量ながら「テルル123」が検出されたことは、「採取の数十時間前くらいに、フクイチからメルトアウトした核燃料デブリが核分裂反応を起こした」という見方もできるのだ。では「海砂」の測定結果はどうか。船上に引き上げた限りでは、泥を含んだ様子もなく、生きたハマグリの稚貝も交じるきれいな砂だった。しかし測定結果を見ると、海水よりも多くの放射性物質を含んでいた。

まず注目されるのが、核燃料そのものといえる「ウラン235」（同約七億年）と「セシウム134」「セシウム137」。それ以外に、「タリウム208」（同約三分）、「アクチニウム228」（同約六時間）、「ラジウム224」（同三・六六日）、「ユーロピウム155」（同四・七六年）など、セシウムよりも半減期が短い放射性物質もいくつか検出された。採取に立ち会った、小川は、こう分析する。

「このウラン235は自然界にも存在しますが、やはり採取場所からみてフクイチ事故で放出されたと判断すべきでしょう。そして、これは放射線科学の教科書的内容ともいえる基礎知識ですが、ウラン燃料が原子炉内で核分裂すれば、今回この海砂から検出された、すべての〝短半減期核種〟が発生します。しかし、もうフクイチの原子炉は存在しないので、これらの短半減期核種とウラン235の発生源は、デブリの自壊反応とみるのが理にかなっています。もしデブリが建屋の地中へ抜けているなら、海の汚染を防ぐのは至難の業になるでしょう。ただ、ひとつ気になるのは、三号機だけで使われていたウラン＋プルトニウム混合燃料（MOX燃料）のデブリから発生するはずのプルトニウムが、この砂から検出されていないことです。もしかしたら三号機のデブリだけは、まだ格納容器内の底にとどまった状態なのかもしれません」

フクイチ周辺にだけ発生する不思議な霧の正体

二〇一五年五月に一・二号機の格納容器内へ投入した探査ロボットの映像からは、今のところデブリの落下位置は突き止められていない。しかし、フクイチ付近の海で放射能汚染が急に高まった二〇一四年前半あたりから、一・二・三号機それぞれのデブリの位置と反応に大きな変化が起き始めた可能性がある。

かつてフクイチ構内を作業員として取材した桐島瞬が、こう推理する。

「事故後しばらくは、一・二・三号機から蒸気や煙状の気体が出ていたと現場の作業員が話していました。いまだに中のことはよくわかっていないので、三号機のデブリが一・二号機とは違った場所で発熱しているとも考えられます。

もうひとつ気になるのは、一昨年から海際近くの汚染水くみ出し井戸などで、濃度の高い〝トリチウム〟

フクイチの地上40メートル付近に霧の層がたなびく現象は、昨年秋頃から目立つようになった。凍土遮水壁の影響で構内海側の地表温度が下がっている可能性もあるが、季節、天候、時間に関係なく現れる。

が検出されるようになったことです。この放射性物質は〝三重水素〟とも呼ばれ、急速に水と結びつき、その水を放射能を帯びた特殊な水に変えます。フクイチの原子炉周辺は濃い霧に包まれることが多いのですが、これも放出量が増えたトリチウムの影響ではないかという意見も聞かれます」

空気中の水（水蒸気）と三重水素が結びつけば分子量が大きくなるので、当然、霧が発生しやすくなる。そういえば今回の海上取材でも、南側の四号機から北側の五・六号機にかけて、約一km幅、厚さ二〇mほどの霧の帯がフクイチ構内の地上から高さ三〇〜四〇m、巨大な原子炉建屋の上部三分の一ほどの空中に浮いていた。六、七月頃の福島県沿岸には「やませ」と呼ばれる冷たい風が吹き寄せ、浜通りの海岸地帯では朝晩に霧が立つことが多い。実際、今回の船上取材でも、朝九時に久之浜港を出てしばらくは、沿岸のあちこちに霧がかかり、福島第二原発にも薄霧の層がたなびいていた。しかしフクイチの霧は、どうも様子が違った。気温の上がった昼近くになっても、ほかの場所よりも濃い霧の層がしつこく居座り続けた。少し強く海風が吹くと一時的に薄れるが、しばらくするとまたモヤモヤと同じ場所に霧の塊が現れた。この海上取材から十日後の八月二日には、三号機燃料プール内に落下した大型瓦礫を撤去する作業が行なわれた。その際にも、三・四号機付近から濃霧が湧き出すように見えるニュース画像が話題になった。

このフクイチ上空の〝怪霧〟について、船上取材に同行した放射線知識が豊富な「南相馬特定避難推奨地域の会」小澤洋一氏も、後日、あれは気になる現象だったと話してくれた。

「私は昔から海へ出る機会が多いのですが、フクイチだけに濃い霧がかかる現象は記憶にありません。凍土遮水壁の影響で部分的に地上気温が下がっているとも考えられますが、トリチウムが出ているのは事実なので、その作用で霧が発生する可能性は大いにあると思います。だとすれば、あの船上で起きた〝気になる出来事〟にも関係しているかもしれません」

その出来事とは、取材班全員が短時間のうちにひどく〝日焼け〟したことだ。フクイチ沖を離れた後、われわれは楢葉町の沖合二〇㎞で実験稼働している大型風力発電設備「ふくしま未来」の視察に向かった。このときは薄日は差したが、取材班数名は船酔いでずっとキャビンにこもっていたにもかかわらず、久之浜に帰港したときには、菅氏とＫ秘書、取材スタッフ全員の顔と腕は妙に赤黒く変わっていた。つまり、曇り状態のフクイチ沖にいた時間にも〝日焼け〟したとしか考えられないのだ。

「トリチウムは崩壊する際にβ（ベータ）線を放射します。これは飛距離が一ｍ以内と短い半面、強いエネルギーを帯びています。私たちが一時間ほどいたフクイチ沖一五〇〇mの空気にも濃度の高いトリチウムが含まれていたはずで、それが皮膚に作用したのではないでしょうか」（小澤氏）

だとすれば、われわれは、トリチウムによるベータ線外部被曝を体験したのか。

とにかく今回訪れた福島県内では多くの新事実を知ることができた。まず実感したのは、福島復興政策の柱として進められている除染事業が、避難住民を帰還させるに十分な効果を発揮しているか非常に疑わしいことだ。また、フクイチ事故で行方知れずになった燃料デブリが、地下水、海洋汚染のみならず今後もさらに想定外の危機を再発させる恐れもある。

やはりこの事故は、まだまだ厳重な監視が必要なステージにあるとみるべきなのだ。

今回の現地取材に同行した菅直人氏は、フクイチ事故当時の総理としての行動と判断が賛否両論の評価を受けてきたが、今後も政治生命のすべてを「脱原発」に注ぐと宣言している。

また機会をあらためて、次はフクイチ構内への同行取材を成功させ、事故現場の現状を明らかにしたいものだ。

No 26

構内取材でわかった「ノーコントロール」「汚染水たれ流し」の実態

二〇一六年二月二十九日

三号機の瓦礫、一〇〇〇基に迫るタンク。

福島第一原発がレベル7の過酷事故を起こしてからもうすぐ丸五年。ダダ漏れの汚染水や溶け落ちた核燃料の処理に向けた取り組みなど、課題山積の収束作業は今どうなっているのか。実態を確認するために著者らは二〇一六年二月三日、東京電力が報道陣向けに開いた合同取材会に参加。その現場で目にした廃炉作業の現実をレポートする。

東日本大震災による津波ですべての電源が喪失し、制御不能に陥った福島第一原発は、一号機、三号機、四号機が水素爆発した。その上、一～三号機で核燃料が溶け落ちた。今も原子炉内にある溶融核燃料（デブリ）の冷却は続けられ、人間はそばには近づけない。

それから四年、果たして現場はどうなっているのか。

報道陣を乗せたバスを降りた途端、持参した線量計のアラームと振動が鳴りやまなくなった。この場所は原子炉一〜四号機を見下ろす通称〝二五mの丘〟の入り口付近。海に面した建屋群より一〇〇mほど内陸側の高台にある。足元を見ると、直径一mはある真新しい配管の束が丘を駆け下り、下に見える原子炉建屋と並行して延びていた。汚染水対策として設置した、陸側遮水壁を凍らせるための凍結液を送るプライン配管だ。

汚染された丘の地表は真新しいモルタルで固められて線量が低くなっているはずだが、それでも原子炉から飛んでくる放射線の影響で、線量計の数字はグングン上がる。

そこから数m歩いて高台と、眼前に原子炉が迫ってきた。取材陣と一〜四号機との間に、遮るものは何もない。

「だいたいこの位置で一五〇から二〇〇マイクロシーベルト／時です」

大型の計測器を持った東電社員が知らせる。著者の線量計に目を移すと、デジタルカウンタはそれより高い二三五マイクロシーベルト／時を記録していた。一般公衆の年間限度被曝量は一ミリシーベルト。そこから換算すると、二〇〇〇倍の放射線量に相当する。

斜め前に見える三号機の側面が目に入った。オペレーティングフロアと呼ばれる最上階部分には、爆風で粉々になった構造物の残骸が見える。辛うじて鉄筋に支えられたコンクリート壁の一部。その下の配管類は折れ曲がり、鋭利に切断されていた。原子炉の壁の厚さはちょうど一m。それが一瞬で吹き飛んだのだ。

三号機は二〇一五年八月、使用済み燃料プールに落下した三五トンの大型ガレキをようやく撤去した。今後もガレキ撤去を進め、燃料取り出し用のカバーを設置する。それが終了する二〇一七年後半くらいから、五六六体の使用済み核燃料取出し作業が始まる。

廃炉に向けた作業は大まかに、デブリの冷却、汚染水対策、ガレキ撤去、使用済み核燃料の取り出し、デブリの取り出しに分かれる。つまり使用済み核燃料の取出しは、廃炉に向けた作業がさらに一歩前進することを意味する。横にいた付添いの東電社員に、三号機内部の状況を尋ねた。

「全体的にはガレキの撤去と除染が進んだことから、線量は下がっています。ただ、高い所ではまだ二〇〇マイクロシーベルト／時あります（三号機から放射線が飛んでくるため）。この丘に滞在できるようになったのも、ごく最近なのです」

これだけの放射線量があるのに、東電の指定した取材陣向けの装備は意外なほど軽装だった。洋服の上からポリエチレン製の使い捨て汚染防止服を一枚着て、手には綿とゴム製の手袋。素足に軍足を二枚重ねにし、短い長靴を履いたのみだ。

頭は綿の帽子と汚染防止服のフードに覆われているとはいえ、口元には防塵マスクをつけるだけ。放射性物質の吸い込み防止機能がついた全面マスクは着用しない。

東電によると、現在一～四号機周辺は顔半分だけを覆う半面マスクエリアになっており、全面マスクの装着エリアは、今は原子炉建屋内だけだという。依然として放射線量は高いが、体内に放射性物質を吸込む危険はもうないということなのだろうか。人体で最も被曝しやすい目も、なんら守られていない。

増え続けるタンク。汚染水はやはりコントロールできていなかった

再びバスで構内通路を移動すると、汚染水をためる巨大なタンク群が視界に飛び込んできた。構内はどこを見てもタンク、タンク、タンク。なぜこんなにも多いのか。

タンク新設エリア（Jエリア）と呼ばれる汚染水タンクの集まる場所でバスを降りると、報道陣の質問はタンクのことに集中した。

――汚染水タンクはいくつぐらいあるのか。

東電「九〇〇基を超え、七六万キロリットルの汚染水が貯蔵されています」

――今後どれだけ増えて、それを増設する場所はあるのか。

東電「どれだけのタンクが必要になるのか検討しているところです。増設場所は北側のエリアにまだ残っています」

――汚染水を減らすため、トリチウム水を浄化した上で海に流す計画のその後は。

東電「漁業関係者の方々との調整ができていません。国のトリチウム水タスクフォースの動きを注視しているところです」

二〇一三年の八月、タンク内の汚染水が漏れ出すトラブルが起きて社会問題になった。ボルト締めの簡易タンクを使っていたことから、その継ぎ目から漏れたのだ。そのため、丈夫な溶接タンクへの交換作業を現在進めている。

だが、交換作業は一六エリアあるタンク群のうち三エリア目に入ったばかりで、いつ全部が終わるのかの計画はないとのこと。

また、取り替えた溶接タンクの寿命もこの先どのくらいもつのかわからないなど、なんとも頼りない。

それでは、なぜ汚染水がそんなに増えるのか。その原因は地下水だ。

汚染水の発生源は、①デブリを冷やし続ける冷却水、②山側から海にかけて流れ込む地下水、③雨水の三つ。特に地下水が問題で、一日当たり約三〇〇㎥（二五mプール約一杯分）が原子炉建屋に向けて流れ込む。その地下水が放射能汚染されて海へ流れ出るのを防ぐため、くみ上げてタンクに貯蔵する。だから汚染水が増え続ける。

それでも海へ漏れてしまう汚染水を減らすため、一～四号機を取り囲むよう凍土方式の遮水壁を設置した。海沿いには鋼管を使った別の遮水壁も作った。バスからも約七〇〇mにわたる白い海側遮水壁が見えた。

配管工事を実施している陸側の凍土方式は、テスト段階でうまく凍らないトラブルが起きている。また、二月九日には工事を完了したが、それに対して原子力規制委員会は「地下水の動きによって汚染水が漏れ出す恐れがある」として、凍結開始を認可していない状況だ。

イチエフ以外での撮影も東電の厳しい検閲が入る異常

三号機、汚染水タンクと、問題のありそうな場所を報道陣に公開してくれた今回の合同取材会。東電は原発事故後、情報隠しをしているとして批判されていたが、今回の取材での情報公開度はどうだったのか。まず、写真撮影は代表取材の一社、ひとりのカメラマンのみ。週プレも撮影許可を打診してみたが、『電波新聞』という電気関係の業界紙に所属するカメラマンが担当することがすでに決まっていて、独自撮影は断られてしまった。

撮影ポイントも限られている。監視カメラ、防護フェンス、建物の出入り口などは安全上の理由で撮影NGだ。

バスで構内を移動中も、付き添いの東電社員から頻繁に「ここは撮影をご遠慮ください」との指示が入る。テレビクルーはそのたびにカメラの向きを変えなくてはいけない。

テレビクルーには、ひと組にひとりずつの撮影チェック専任の東電社員がビッタリと張りつく。どこで何を撮影しているのか逐一監視されていた。

代表取材の静止画カメラマンが撮影した写真は、後で入念に確認され、核物質防護のためのフェンスが写り込んでいるとの理由で使用がNGになったカットもあった。

これは法律で決まった原発内の情報が外部に漏れないようにするための措置だが、フェンスもダメとはずいぶん厳しい。桐島が言う。

「確かに防犯カメラの場所が特定されるとテロ対策で困るかもしれません。だから東電も報道機関に対して、核物質防護設備を空撮などで撮らないよう再三要請しています。ですが、GoogleMap の空撮写真を見れば、構内の配置など一目瞭然。ネット環境があれば、この程度のことは世界中から瞬時にわかってしまうのに」

また、こんなことがあった。イチエフから約三〇km南に離れた楢葉町にあるJヴィレッジで、体内被曝を測定するホールボディカウンターを受けている取材陣の様子をテレビクルーが撮影しようとした。

ところが、カメラを回し始めると、東電社員が撮影を制止し、「すでに撮った映像は今すぐ消してください」と注意。カメラマンが映像をしっかりと消したかを確認する念の入れようだった。この施設を撮影することが、核物質防護上で問題があるとはとうてい思えない。

大惨事を起こした原発で何が起きているのかを知ることは国民の重大な関心事だ。しかし、フェンス写真NGの件といい、Jヴィレッジの件といい、東電の規制には納得いかない部分が多い。

こうしたことの積重ねが、情報隠しではないかとの疑念を生む。有賀は、三号機の写真を見てこんな疑問を投げかけている。

「最上階では、コンクリートの鉄筋がなぜか内側へ曲がっています。これは大爆発で壁が外へ吹き飛んだだけではなく、なんらかの理由で建屋に瞬間的な圧力低下が起き、内部へ崩壊する動きがあったと考えられます。

いまだ発表されていない大きな謎が隠されているのかもしれません」

事故から五年がたち、作業員の環境が改善した部分もある。そのひとつが二〇一五年六月に完成した大型休憩所。二〇〇人が入る食堂ができ、全メニューが三八〇円で食べられる。

ただ、すべての作業員が利用できているとは言い難い。イチエフで働く作業員は七〇〇〇人もいるからだ。現に、昨年の本誌で取り上げた作業員のA氏が働いていた元請けのS社では、食堂ができたことすら作業員に説明がなく、利用できなかったという。

取材が終わり、身体汚染検査を無事にパスした。トータル四時間四〇分の取材で被曝量は六〇マイクロシーベルト。もし七八時間ここにいれば、それだけで一般人の年間基準一ミリシーベルトに達する量だ。それだけでもイチエフが収束状況にあるなどとはとても言えない。

五年目という区切りはまだ、この先の長い廃炉工程の導入期にすぎないのだ。

No. 27

空からイチエフを見てみたら

二〇一六年三月七日

著者らは二〇一六年二月三日に福島第一原発（イチエフ）の構内立ち入り取材に参加、その現場レポートを前節に掲載した。ここでは新たに、ドローンを使ったイチエフと周辺地域の取材結果を報告しよう。ここでは、イチエフ西側の陸上から撮ったドローン画像だけでなく、東側の海上でも同じく高度約一五〇mまでドローンを飛ばし、イチエフ全体の画像を撮影した。

二〇一三年十一月と二〇一五年七月にも、著者らはチャーター船でイチエフ一五〇〇m沖を訪れているが、今回、三度目の海上取材に同行した小川はこう語る。

「過去二回の調査で、船上から水平方向に撮影した福島第一原発施設の望遠写真も貴重ですが、これに空中から施設を俯瞰したドローン画像を加えると、得られる情報量は飛躍的に増えます。

一三年十一月の一回目調査と昨年（二〇一五年）七月の二回目調査では、大型クレーンや瓦礫の位置な

高度150メートルからドローンで撮ったイチエフ全体像。空中から見ると、原子炉と海面の高低差がないことがよくわかる。津波被害が避けられないのは当然だ。

ど、海側の様子に大きな変化は見られませんでした。しかし、前回から約半年のうちにさまざまな工事施設や機械設備などが新設されたことが、今回のドローン画像で明らかになりました」。

その新しい施設のひとつが、消波ブロックで囲まれたイチエフ港湾の真ん中に建設された、クレーンやボーリング設備などを満載した作業スペースだ。この施設は、水平方向から見ると陸上の建物や機材と重なって区別しにくいが、ドローン画像では一辺が数十mくらいの構造物だとわかる。この港湾内は水深五m未満なので、フロート式の施設ではなく埋め立てによる人工島だろう。

今回、海上取材に初参加した、元東芝職員で原子炉格納容器の設計者・後藤政志氏も、双眼鏡でイチエフの様子を観察しながらこう感想を述べた。

「港湾側の遮水壁や凍土壁の本格的な運用開始に向けて、原発構内では各種の整備事業が加速化しているようです。ただ、今でも瓦礫が数多く放置された岸壁近辺には人影がほとんどなく、いくら整備事業を急ごうとしても、まだ大勢の作業員を投入して収束工事を進められる楽観的状況ではないようですね」

放射性ゴミの焼却が次々と始まっていた

ドローンを通して見えてきたのは、原発事故五年目のイチエフが直面している収束作業の手詰まりだけではない。福島の放射能汚染地域で進められる「除染」の先行きも怪しい雲行きになってきていた。

福島の浜通りや南相馬市、飯舘村では、除染によって出た汚染物入りフレコンバッグが至る所で目につく。二〇一五年七月に取材した際には、畑や田んぼなどに山積みされたフレコンバッグの量に驚かされたが、今回は新たな課題が生まれていた。除染事業の次のステップとして計画されていた「焼却処理」が、今回の取材ではいよいよ本格化し始めていたのだ。

浜通り地域では、一三年に新焼却処理施設八カ所の建設が決定していたが、そのうち七カ所が昨年後半に相次いで完成している。

これらの焼却処理施設を統括する「環境省福島環境再生事務所・減容化施設整備課」に取材すると、「これ以上、汚染物入りのバッグを福島県内各地の仮置き場、仮仮置き場にため続けるのは無理があり、本来ならばもっと早く焼却施設を稼働させたいところでした。

この整備事業の要点は、できる限り汚染物の体積を少なくする〝減容化〟です。そのためには第　に熱処理が必要になり、この工程で気化した放射性物質を絶対に外部へ逃がさないことが最も大切な課題になります」

その焼却処理施設のなかでも注目なのが、飯舘村・蕨平《わらびだいら》の減容化施設だ。これは標高約四五〇ｍの山地に造られ、ほかの施設よりも放射線量の高い震災瓦礫と除染土壌が処理される。また蕨平には、焼却した汚染物を園芸用土や建材ブロックなどに再生する「資材化施設」も造られるという。

二〇一五年七月に取材した際には整地段階だった蕨平を再訪問すると、そこには予想以上に立派な工場が完成していた。早速ドローンを上空へ飛ばすと、白亜の建物と銀色に輝く太い配管プラントが複雑に組み合わさった施設の全容が撮影できた。

取材当日には煙突から煙は出ていなかったが、敷地内には大量のフレコンバッグが積まれていた。二〇一五年十一月には〝火入れ式〟が行なわれ、試験的な焼却作業が始まっているという。

しかし、この人里離れた減容化施設では、一般住宅の木材、ビルのコンクリート片、田畑や里山の土、草木など、さまざまな汚染物質が焼却されるので、トータルの〝減容率〟は最大でも二〇％止まりという試算もある。健康を害するレベルの放射能汚染された物質を、本当に〝無害化〟できるのかという疑問の声も聞かれる。小川によると、

「蕨平をはじめとした焼却減容施設では、高性能フィルターよって放射性セシウムを完全吸着するとうたっています。しかし、これは現在の技術では不可能なので、ほかの核種を含めた多くの放射性物質が大気中に広がります。汚染度の高い廃棄物を標高の高い蕨平で処理するのも、実は放射性物質を含む気体をなるべく広い範囲に拡散させて薄めようという意図があるはずです」

これに対して、福島第二原発の北側にある富岡町の焼却施設では、一般家庭ゴミを含めた放射能汚染の少ない廃棄物を処理していた。ここでは煙突から盛んに白い煙が出ていたが、施設周辺の放射線量はさほ

ど高くはなかった。しかし、六〇〇億円を投じた富岡町の施設は群を抜いて規模が大きく、広いトフック乗り入れ場と、汚染物入りフレコンバッグの保管スペースが確保されていた。これから続々と搬入されるフレコンバッグの多くは材質の劣化が問題化しており、搬送途中で汚染された粉塵が各地域に拡散する可能性は高い。前出の後藤政志氏は、こう語る。

「この富岡町の焼却場の壁面には、環境省のほかに三菱重工、鹿島という原発産業の中心企業の名前が大きく書かれています。結局は原発事故後の後始末でも利益を得ようとする、マッチポンプの施設だという印象はぬぐえません。

それはともかく、この焼却プラントは規模が大きい割に煙突が低すぎます。周辺地域に排気の影響が及びやすい可能性がある。原発事故を引き起こした、安全よりも経済性を優先する企業姿勢が、これらの施設でも復活する心配があります」

これらの焼却施設がどう運用されていくのか。今後も継続的な監視が欠かせない。監視が必要といえば、焼却・減容化後の汚染物の保管方法も同じだ。イチエフを取り囲む大熊町と双葉町の約一六㎢の土地には、汚染物の「中間貯蔵施設」が造られる予定になっている。しかし、二〇一四年六月に、当時の石原伸晃環境相が言い放った「最後は金目でしょ」失言の影響もあり、地権者からの用地買い上げは一％ほどしか進んでいないという。

そのイチエフの西側に広がる「中間貯蔵施設」予定地も、空から観察した。まだ農地区画の跡は残っているが、五年間のうちに雑草や雑木が伸び放題になっていた。

大熊町の一部地域では貯蔵施設建設に向けた工事が始まったが、そこにどんな姿の施設が造られるのか、まるで見当がつかない。とにかく、この事実上の原野と化しているイチエフ周辺地域に中間貯蔵施設が完成するのは、まだ何年も先だろう。ということは、各地の焼却施設に今度は処理済み廃棄物がたまり続けるのではないか？

東電が隠したがった謎のタンクの正体は

最後に、今回の取材でもうひとつ気になった施設を紹介しておこう。これはドローンでも海上取材の写真でも写っているが、一号機北側の港湾部にある三基のタンクだ。二〇一六年二月三日に著者らがイチエフ構内を取材した際は、このタンク付近の写真は東電サイドから公開が許可されなかった。しかし今回は独自取材なので公開しよう。

「これらは、一～四号機の原子炉建屋とタービン建屋近くに掘ったサブドレン（井戸）からくみ上げた地下水をためるための集水タンクです」（東京電力広報）

この三基のタンクは汚染水タンクとは違い、下半分が透明なプラスチック波板張りの建物で厳重に保護されている。別格扱いとなっている理由は、東電の広報サイトを調べるとわかった。これは単なる貯水施設ではなく、地下水に含まれた放射性物質を除去する施設の一部というのだ。

原発事故以来、サブドレンからくみ上げた地下水の放射能汚染は強まるばかりで、セシウムだけでなく、毒性の強い「ストロンチウム」や「三重水素＝トリチウム」の濃度上昇が問題化していた。そこでＩＣＲＰ（国際放射線防護委員会）の指導を受けて、イチエフ事故現場ではサブドレン汚染水の浄化を行ない、海へ放出する計画を進めてきた。しかし、トリチウムは水との分離が非常に難しいため、海洋放出について

国道6号からイチエフ側に入った場所で撮ったドローン画像。家も農地も荒れ放題で、現場ではイノシシも出没。イチエフに延びる道路は工事関係社の車両がひっきりなしに走っていた。

は漁業従事者との間で非常にナーバスな問題になっているのだ。今回の取材に同行した「原子力市民委員会」規制部会長でプラント技術者の筒井哲郎氏が、こう解説してくれた。

「三基のタンクの裏側（陸側）には大きな設備が付属しており、それらがサブドレンからくみ上げた地下水の汚染物を処理または管理しているのでしょう。私も昨年、『原発ゼロの会』の国会議員と一緒にイチエフ構内を視察しましたが、このタンク施設には案内されませんでした。東電はサブドレン汚染水のタンク施設を、あまり大っぴらには宣伝したくはないのでしょう」

イチエフ事故をめぐる情報公開については、東電が積極的に開示するとは思えないので、〝空からの目〟を使ってでも、今後も監視を続ける必要がある。ということで次節では、五年目を迎える福島県内で着々と進む〝強制帰還〟策の実態についてレポートする。

No. 28

住民を被曝させる〝棄民〟政策がさらに進んでいる

二〇一六年三月十四日

飯舘中学校ではいまだ二〇マイクロシーベルト/時の地点もあるのに、汚染地域では実質〝強制帰宅〟のための整備工事があちこち。

福島第一原発(イチエフ)事故から五年がたとうとしている現在、被災地では何が起きているのか。著者らは前節で、ドローンから見たイチエフをリポートしたが、同時に陸からも被災地の現状をつぶさに取材した。そこから見えてきたのは、避難指示解除を進めたい国や自治体の思惑とは裏腹に、諦めや困惑の思いを強くする住民たちの姿だった。

著者らが原発事故当時の総理大臣、菅直人氏と福島の避難地域を巡ったのは二〇一五年七月。原発から三〇km圏の町や村の至る所で除染が行なわれ、除染廃棄物を入れたフレコンバッグの保管は仮置き場だけでは足りず「仮・仮置き場」と呼ばれる奇妙な施設もできていた。

あれから半年。取材班があらためて被災地を訪れると、まず目についたのは復興工事がますます増えていたことだ。除染だけでなく、これから避難指示の解除が行なわれる南相馬市と飯舘村を結ぶ県道沿いなどでは、道路工事があちこちで行なわれていた。作業用の重機やトラックがひっきりなしに行き交う。道行くクルマは、乗用車よりもダンプカーのほうが圧倒的に多い。

そのせいで、たびたび交互通行のための工事用停止信号に引っかかり、移動に時間がかかってしまった。

復興のために国から投じられた予算は巨額だ。二〇一一年から二〇一五年までの集中復興予算は二五兆円に上る。さらに二〇一六年の四月からの五年間は「復興・創生期間」と名づけられ、新たに六兆五〇〇億円の予算投入が決まった。

福島県にはそのうちの三割を超える二兆三〇〇〇億円が注がれる。だが、そのお金が本当に有効に使われているかは大いなる疑問で、その最たるものがこの道路工事だ。

例えば、南相馬市から浪江町や葛尾村方面へ抜ける、鉄山ダム沿いの県道四九号線。ここは著者らが何度も取材に訪れている。道路脇の草むらにホットスポットがあり、著者が三年前に測定したときには二〇〇マイクロシーベルト／時、二〇一五年七月にも一〇〇マイクロシーベルト／時近くの高線量を記録している。

その場所は今回、草木が刈取られて大型重機が入り、工事が進んでいた。県に尋ねると、斜面の落石防止工事と道路の拡幅工事をしているのだという。避難指示解除を待つ葛尾村と南相馬市をつなぐ道なので、住民の安全を考えて落石防止工事をすることはわかる。だが、原発事故前でもそんなに車の往来がなかったであろう狭い県道を今、国費を投じて拡幅工事までする必要はあるのだろうか。

取材に同行した後藤政志氏は、この光景を見ながらこう漏らした。

「除染やそれに伴う作業が、原発建設の中核企業やゼネコンに任せられ、原発事故の後始末まで商売にしているところにとても違和感を覚えます。もちろん、放射性物質の管理などで、それら企業の知識が必要な面もありますが」

膨大な予算を費やして復興工事を進めることが、本当に被災者のためにつながるならまだいい。だが、避難地域の現状は、住民が戻り、生活していいような環境とはとても思えない。となると、この工事はなんのために行なわれているのか。

南相馬市原町区馬場のある民家を訪れた。この地区の一部はかつて「特定避難勧奨地点」と呼ばれ、避難指示区域外ではあるものの、年間二〇ミリシーベルトを超えそうだと指定された場所があちこちにあった。しかし、除染が行なわれて放射線量は十分下がったとして、この地区全体の勧奨地点指定は二〇一四年十二月に解除された。

丸川環境大臣が年間一ミリシーベルトは「根拠がない」と言い放った（後に撤回）。一般公衆の被曝限度である「年間一ミリシーベルト」以下に抑えるためには、〇・二三マイクロシーベルト／時以下でなければならない。だが、この民家の裏庭を測定すると空間線量は一マイクロシーベルト／時を超えた。つまり、今でも基準の十倍を超えるのだ。

それなのに「いいかげんとしか思えない測定の仕方をされた」（住人）挙句、三度目の測定で指定基準の数値が出たにもかかわらず、最後まで特定避難勧奨地点の指定世帯にはならなかったという。

図９　避難指示区域の概念図（2017 年 4 月 1 日）

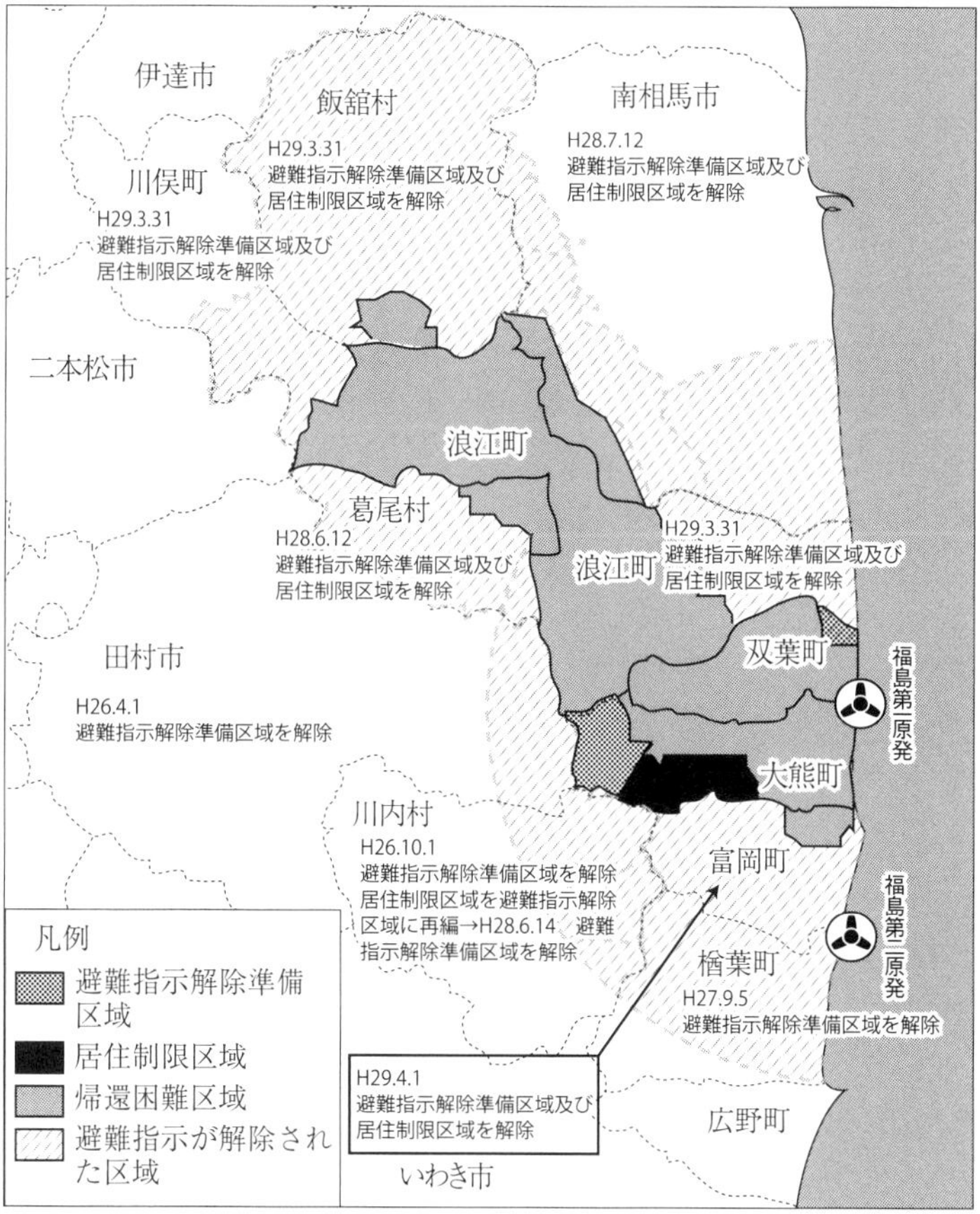

注１：避難指示区域は三つの区域に区分され、それぞれ次のように説明されている。
帰還困難区域：放射線量が非常に高いレベルにあることから、バリケードなどの物理的な防護措置を実施し、避難を求めている区域。
居住制限区域：将来的に住民の方が帰還し、コミュニティを再建することを目指して、除染を計画的に実施するとともに、早期の復旧が不可欠な基盤施設の復旧を目指す区域。
避難指示解除準備区域：復旧・復興のための支援策を迅速に実施し、住民の方が帰還できるための環境整備を目指す区域。
出典：経産省ホームページ

村の復興のために子供に戻ってほしいと懇願する飯舘村長

この民家に限らず、避難勧奨地点には入らなかったが、線量の高い場所はあちこちにある。前述した鉄山ダム脇の県道四九号線もそうだ。車内から測定しても空間線量は三マイクロシーベルト／時を超えていた。

南相馬市から県道を南下し、国道一一四号線と接する場所には検問所がある。その先は葛尾村か浪江町への通行許可証を持った人しか入れない。検問所のプレハブ小屋の外壁は、許可証をチェックする人がなるだけ被曝しないよう鉛で覆われていた。そんな状態でも、葛尾村は今年春から避難指示区域の解除が予定されている。

このような場所はほかにもある。

二〇一七年三月の避難指示区域解除を目指す飯舘村の中心部にある中学校を訪れたときだ。山間部にあるため、南相馬市とは違って深い雪に覆われているにもかかわらず、空間線量が〇・七マイクロシーベルト／時を超える場所が校内には何カ所もあった。

試しに校舎入り口にあった雨水をためるマスをのぞき、そこに線量計をかざすと六マイクロシーベルト／時を超えた。後日、この雨水を精密測定すると八〇ベクレル／kgという数値が出た。飲料水の基準が一〇ベクレル／kgだから、その八倍も汚染された水が、一年後には子供が戻ろうとする場所にあることになる。この学校の除染はこれからだが、本当にこんな場所に住民を戻してもよいのだろうか。

南相馬市や飯舘村の汚染状況を調べている市民団体の小澤洋一氏（五九歳）が言う。

「私が今年（二〇一六年）一月に校内を測定したときには、二〇マイクロシーベルト／時の場所がありました。村はまずこの中学校を再開して、小中学生の授業を始めると聞いています。子供たちが避難する福島市や川俣町からスクールバスでここまで送迎するようです。ですが、これではわざわざ被曝させるために通学するようなもの。子供たちが戻りたくないと言うと、村長は『村の復興のためにお願いだから戻ってほしい』と懇願したのです。いくら村を復興したいとしても、子供が犠牲になるのはおかしいのではないでしょうか」

村長は村の維持のために子供を戻したいというが、そもそもこんな立派な中学校が建てられたのも、村の産業振興がうまくいっていたからだ。だが、その産業ももはやない。

除染して線量が下がったから帰ってきても安全と宣伝し、帰ってこられるように工事もしてインフラも整えた。だから元の自治体に戻ってこない住民には補助を打ち切る。これでは、体裁を整えるためだけに無駄金だけが突っ込まれ、住民は命の危険にさらされることになる。

それを国、福島県、そして住民と最も近い存在である村長、市長が行なっているのだ。彼らの頭にあるのは「自治体の維持」ばかりで「住民を守る」ことではない。

こんな状態だから、避難指示の解除に対しても住民から不安の声が上がる。

二〇一六年二月二十日、南相馬市の小高区で政府の住民説明会が開かれた。小高区と原町区の一部は、放射線量が年間二〇ミリシーベルト以上五〇ミリシーベルト以下に当たる「居住制限区域」。ここも今年四月に居住制限を解除すると決められた。市は、帰還は強制ではないと言うが、解除が決まれば賠償金も打ち切られる。なかには避難先の家賃を払えず、仕方なしに戻る人も出てくるだろう。

説明会では解除は時期尚早ではないかとする意見が続出し、予定終了時間を三〇分オーバーした。説明会に参加した六〇代の女性が説明する。

「市からは除染が終わりインフラも整ったので、四月に解除したいと説明がありました。しかし、被曝が心配だとする若い人の声や、家の周囲を除染しても、手つかずの山から放射性物質が流れてくるから意味がないといった質問が飛び、市長は四月の解除は難しいと断念したようです。

私は小高に戻りたいのですが、若い人が帰ってくるのは反対です。現に、自分の子供や孫は戻りません」

戻る住民は一割程度で、高齢者が多いのが実情

そもそも避難指示の解除に向けて昨年（二〇一五年）八月から始まった、住民が家で寝泊まりできる「準備宿泊」の登録者は一六〇〇人程度にとどまっている。同地区の人口約一万一六〇〇人の一割程度しかいない。一六〇〇人の内訳も高齢者の比率が多いという。

同じ問題は、避難指示区域のほかの場所でも出ている。二〇一五年九月に避難指示を解除した楢葉町も、避難先から戻った住民は町の全人口の一割ほどしかいない。若い人は近接する避難先のいわき市などに家を建て、仕事を持つなど生活基盤ができてしまい、もう町へは戻らないからだ。必然的に戻ってきた人の中心は高齢者で、これから町を活気づけることは難しくなっている。

それに、国や自治体がいくら「除染が終わったから安全」「健康被害は心配ない」と言っても、リスク面を一切話さないそうした姿勢に住民は納得していない。

現に、放射能汚染はまだかなりある。市民団体が一月に小高区の小学校敷地内の土を測定したところ、一平方メートル当たり三〇万ベクレルの汚染が見つかった。

「原発事故前の測定値はおよそ一〇〇ベクレル／㎡相当」（小澤氏）だったことを考えると、三〇〇〇倍に汚染されてしまったのだ。一般の人が立ち入りできない放射線管理区域の基準は四万ベクレル／㎡。それよりも七倍以上高い場所を「安全」と言い、子供たちを遊ばせようとしているのが今の政策だ。

「住民を戻すなら土の汚染度なども細かく調べて、高い所は高いときちんと市民に伝える。それをやらずに、空間線量だけ下がったからもう安心と言われても不信感が増すだけです」（南相馬市在住の南相馬・避難勧奨地域の会会長・末永伊津夫氏・六七歳）

前出の後藤氏も「これだけの汚染地域に人々を戻すことは、多くの人を危険にさらす許されざる行為」と憤る。

＊

国による避難指示の解除は帰還困難区域を除いてこれから着々と進み、二〇一七年三月には自主避難者への住宅支援も打ち切られる。国は「解除は自治体の要請」というが、小高区を見てもわかるように住民はそんなに早い帰還を望んでいない。だとしたら、いったい誰のための復興なのか。

住民からは「政府は東京オリンピックまでに福島の問題はすべて片づいたと対外的にアピールしたいだけ」との声も聞こえてくる。今のままで肝心の住民が置き去りにされ、復興工事に携わるゼネコンばかりが潤う。これでは「福島棄民政策」が進むばかりだ。

No. 29 五年たっても、福島の汚染地域は住んでいいレベルではない

二〇一六年三月二十一日

水源、食べ物、海水、土壌、各地の放射能を測ってわかった。

福島では住民の意思を無視して、避難指示区域の解除が着々と進んでいる。前節ではそのことをリポートした。多くの住民が町へ戻りたくない理由として挙げるのは、被曝への不安だ。国や自治体は累積被曝が一〇〇ミリシーベルト以下なら健康被害は起きないとし、福島の放射線量はもはや十分に下がったと主張している。しかし、その実態はどうなのか。現地を徹底取材した。

居住制限区域の飯舘村西部から南相馬市を経由して、太平洋に注ぐ新田川。市民の水源として使われるこの川は、前々節で伝えた除染廃棄物を処理する蕨平焼却場のすぐ近くを流れている。

福島県や国の発表では、新田川の川底にたまる泥からは、一六〇〇ベクレル／kgほどの放射能が計測されているが、水からは一ベクレル／kgも出ていない。

しかし、二〇一五年九月、市民団体が南相馬市原町区、中川原橋付近でこの川に麻布（リネン）を八日間浸した。回収した布の放射能を測定したところ、三四三〇ベクレル／kgという高濃度のセシウムが検出された。

放射性物質の基準は、食品が一〇〇ベクレル／kg（乳幼児用は五〇ベクレル／kgに）、牛乳が五〇ベクレル／kg、飲料水が一〇ベクレル／kgだ。つまり、のちのち飲み水となる川の水に浸した布には、飲料水の三四三倍もの放射性物質が付着していたことになる。

小川は、水中のわずかなセシウムをリネンが吸い取ったからだと指摘する。

「リネンを長時間浸しておくと、流量×断面積×時間分の放射性物質が吸着します。水中の粘土鉱物、菌類、落葉などの浮遊物、プランクトンにセシウムが付着しているのです」（小川）

つまりそれは、水単体の検査では放射性物質が不検出でも、その水を飲み続ければ、少しずつ体内にセシウムが蓄積することを意味する。取り込んだ放射性物質は体内から排出されるが、毎日取り込むと排出量を上回ってしまうからだ。新田川の水は一度地下に染み込み、今回の計測ポイントから一㎞ほどしか離れていない大谷浄水場で井戸からくみ上げられたのち、上水として飲料水となる。現時点では市の検査で飲み水から放射性物質は検出されていないが、当然、不安を漏らす市民もいる。

リネンでの測定に関わった南相馬・特定避難勧奨地点の会の小澤洋一氏（五九歳）もそのひとりだ。

「布の断面積などから計算すると、リネンには一時間当たり二〇・九ベクレル／kgのセシウムがついていたことになります。いくら地下に染み込む段階でろ過されたとしても、新田川を水源とする大谷浄水場の水に、放射性物質が混入しないとは言い切れないわけです。もうじき避難指示区域が解除される小高区には簡易水道の浄水場がありますが、ここではろ過施設はなくフィルターを通しているだけです。大雨が降って川の底にたまったセシウムが巻き上げられたら、飲み水に混入するのではないでしょうか」

水だけではない。農林水産省などは被災地の「食べて応援しよう！」キャンペーンを実施し、福島県産食品は安全とのアピールに余念がないが、食品の汚染もまだ続いている。

二月九日現在で、国の出荷制限がかかっている食品は、東日本の一三県と静岡県を合わせて二六品目ある。品目では、露地栽培シイタケ、タケノコ、ホウレンソウ、キャベツ、キウイなどの野菜や果物、魚ではウナギや天然もののイワナ、クロダイなどが地域によって出荷できない。

四九品目が出荷規制されている福島県では二〇一六年一月、本宮市の野生のフキノトウから一一〇ベクレル／kgに、二〇一五年九月には桑折町のあんぽ柿から二四〇ベクレル／kgが検出されている。県は昨年十二月に自家消費野菜五六六六検体を調べたが、そのうち六・六％に当たる三七六検体から五〇ベクレル／kgを超える汚染が見つかっていた。規制値の半分だが安心はできない。

県自ら、「簡易的な測定数値のため、五〇ベクレル／kg超となった場合には一〇〇ベクレル／kgを超えている可能性もある」と言っているからだ。だから自治体によっては、五〇ベクレルを超えた食品を出荷自粛要請するところもある。

放射能で汚染されたものを食べたからといって、すぐに何かの健康被害が出るわけではない。だが、この先五年、一〇年と内部被曝を続けていけば、どこかで病気が発症する可能性は捨てきれない。それは一九八六年に大事故を起こしたチェルノブイリ原発周辺で、いまだに体の不調を訴える人々が多いことからもわかる。

福島の学校は新潟の六〇〇〇倍も汚染されている場所がある

汚染食品を食べると、どのくらい内部被曝するのか。

汚染の単位でよく出てくるベクレルとは、一秒間に放たれる放射線の数だと思ってもらえばいい。例えばコメが一〇〇ベクレル／kgならば、一kgを食べた場合、体内で一秒間に一〇〇本の放射線が放たれ、細胞や遺伝子を傷めつける。

セシウム137の場合、口から入って排出されるまで、大人で平均七〇日といわれるから、単純計算で六億四八〇万回、内部被曝をすることになる。

しかも、原発から放出されたのはセシウムだけではない。骨にたまりやすいストロンチウムや、アルファ線という至近距離で強力な放射線を発するプルトニウムなども含まれている。

遺伝子は損傷しても、人体には修復機能が備わっている。しかし、たまにエラーが起きる。それががんなどの病気につながるのだ。

だが国は、こうした汚染の実態にはまったく触れなくなった。とにかく放射線量は十分に下がったから安心としか言わない。

そもそも法律では、六一五ベクレル／kg（四万ベクレル／㎡）以上に汚染された場所は「放射線管理区域」に指定され、区域内に一般人は入れないようにしている。一八歳以下の就労も禁止だ。理由は、それだけの放射線を浴び続ければ人体に悪影響があるから。

しかし、福島の土壌を検査すると、多くの場所でこの基準をいとも簡単に上回ってしまうことがわかっている。

二〇一七年三月から避難指示区域解除を予定する飯舘村で、除染を終えた農地を二〇一五年二月に測定した。それによると、トウモロコシ畑の深さ五cmまでで一kg当たり七九〇〇ベクレルが検出された。一平方メートルに単純換算すると約五一万ベクレルに達する。しかも空間線量は除染済みなのに一・五二マイクロシーベルト／時あった。

農地では、放射能レベルを下げるために汚染されていない土を混ぜることがある。この対策を済ませた土を測ると、深さ五cmまでは四一三ベクレル／kg（約二万六〇〇〇ベクレル／㎡）に下がっていたが、五cmから一〇cmまでの土は一二〇〇ベクレル／kg（七万八〇〇〇ベクレル／㎡）と高い汚染があることがわかった。これでは村に戻っても、農作物など作れない。

前出の小澤氏も県内各地の土の調査をしているが、県内の放射能レベルは極めて高いという。

「一例を挙げると、南相馬市から葛尾村に抜ける県道沿いにある鉄山ダム近辺の土からは、九六一〇万ベクレル／㎡が検出されました。学校やその周辺の汚染も深刻です。南相馬市の高倉にある通学路の土からは四〇〇万ベクレル／㎡のセシウムが検出され、飯舘村の学校からは一〇〇〇万ベクレル／㎡を超えるような土も見つかっているのです」（小澤氏）

福島の放射能汚染のすごさを比較するために、著者らは二〇一六年二月下旬、福島原発事故当時に放射能プルームが飛ぶコースから外れた新潟県を訪れ測定した。見附市にある高校の校庭裏を測定すると、空間線量は〇・〇三マイクロシーベルト／時、土の汚染は一六二四ベクレル／㎡で、小澤氏が測定した福島の学校より二四〇〇～六一〇〇分の一以上低かった。この低い基準が原発事故前の放射能レベルなのだ。

汚染は福島第一原発（イチエフ）のある大熊町や双葉町といった帰還困難区域となるとさらに深刻だ。

二月中旬、イチエフから約一・五km地点まで近づき、地表一mの空間線量を測定した。すると測定器の針は上限値の三〇マイクロシーベルト／時を振り切り、測定不能となった。一年間ここにいれば、最低でも二六三ミリシーベルトも被曝することになる。

現場の土も高いレベルで汚染されていて、測定すると五三八〇万ベクレル／㎡という途方もないセシウムが検出された。これだけ汚染されていれば、人はこの先一〇年は戻れないだろう。なのに国は住民からの要望という理由を使い、大金をつぎ込んで除染を始めている。地元では、そんなことをするぐらいなら、故郷を失った人たちへの賠償をもっと手厚くしたほうがいいとの意見も目立つ。

海水の汚染も計測。汚染魚が流通する可能性も出てくる

イチエフから沖合一・五km地点の海水も測定してみた。これまでイチエフ周辺の海水を測定したが、セシウムは検出されなかった。土壌に吸着され、大部分が海底に沈むからだ。

だが今回、新田川で行なったリネン法を用いて放射能測定をすると、海水を含んだ布から三七ベクレル／kgのセシウムが検出された。やはり海水中にセシウムは含まれていたのだ。

小川によると、

「セシウムを含んだプランクトンを回遊魚が食べると、エラの部分に吸収されます。こうして魚類の体内には、海水の一〇〇倍以上の濃度で蓄積されるのです」

現在、イチエフから二〇km圏内の海域では漁業は自粛されている。当分、自粛は続くだろうが、今の国

の強引な住民帰還策を見ると、魚のサンプル調査で汚染が確認されなければ、再開する可能性は十分にあるだろう。

＊

二〇一六年二月下旬、四月からの避難指示区域解除が予定されていた南相馬市小高区で住民への説明会が開かれた。住民からは「除染が終わっておらず、まだ放射線量が高い所もあるから解除は早い」とする声が相次いだ。ところが国の担当者は、住民を突き放すようにこんな趣旨で答えた。

「空間線量が年間二〇ミリシーベルトを下回り、なおかつ生活環境の整備と自治体の同意が得られれば、避難指示は解除できるのです。除染が終わらないと、解除ができないということではありません」

こうした話を聞いた参加者の中には、話にならないと怒りだす人もいた。国が住民をどう考えているかを象徴するシーンだった。

これだけ放射能汚染があっても避難指示解除を進める姿勢を崩さないのは、国が住民の健康よりも、町は元どおりになったという体裁を取り繕うことしか考えてないからだろう。そもそも年間二〇ミリシーベルト以下という基準は、原発作業員の実質的な年間被曝上限と変わらない。それを放射線防護の基礎教育さえ受けていない子供や妊婦にも一律に適用すること自体、異常だとしか言えない。

このように福島の汚染地域の水、食べ物、土壌の放射能汚染は相変わらずだ。となると、住民が戻っても農業はできない。昨年（二〇一五年）九月に避難指示が解除された楢葉町には、元からいた人口の六％に相当する四四〇人しか戻っていないことを考えれば、南相馬市小高区も飯舘村も結果は見えている。

だが、それは安全と健康を考えれば、現時点では望ましいことだといえる。いくら国が一〇〇ミリシーベルトまでは被曝しても安全といっても、これはICRP（国際放射線防護委員会）の基準を日本政府が都合のいいように解釈したものにしかすぎないからだ。

だからこそ、住民はそんな根拠のない国の安全宣言など無視して自分の身を守ってほしいのだが、実は汚染は福島だけにとどまらない。首都圏にもいまだに放射性物質が吹きだまる汚染スポットがあちこちにあるのだ。

No. 30

五年たっても首都圏で福島より放射能汚染のひどい場所があった

二〇一六年三月二十八日

測定二三カ所中一〇カ所が管理区域並み。

前節では福島の放射能汚染がいまだ深刻なことをリポートしたが、汚染は福島だけではない。所々にホットスポットがある首都圏も同様だ。著者らは原発事故から五年がたつ千葉・茨城、東京の沼や川、公園の土などを独自測定した。すると、依然としてたくさんのセシウムにまみれていることがわかった。知られざる首都圏の放射能汚染の実態に迫る。

福島原発事故では、大気中に飛び出した放射性物質が広範囲に拡散し福島だけでなく関東圏も放射能汚染された。

こんなエピソードがある。事故直後、都内の病院のエックス線写真に黒い点が無数に現れるケースが相次いだ。医師がメーカーに問い合わせると、空気中を漂う放射性物質がフィルムに感光して写り込んだとのことだった。

本来、自然界では放射性セシウムはゼロに近い。それが測定された場合、福島原発から来たことを物語っている。当時は建物の中にまで放射性物質が舞い込んでいたのだ。

二〇一一年五月以降、都内四三カ所と千葉北西部二カ所の放射線量を著者らは定点観測してきた。首都圏の放射線量は一一年夏から二年春頃にかけてがピークであった。千葉県の松戸、柏で八マイクロシーベルト/時を記録したこともある。

都内でも窪地となる神田、上野、九段下などの地域は相対的に高く、今でも〇・三マイクロシーベルト/時台のときも。一四年の秋頃からは線量が下がることもなくなった。半減期の短いセシウム134が一定量消失し、残ったセシウムが滞留しているからだと思われる。

事故から丸五年がたった現在、首都圏にはどの程度の放射性物質が堆積しているのか。著者らは二〇一五年十二月、放射線量が比較的高い首都圏東部で、二三カ所の湖沼や川の底質(泥)と公園の土などを測定した。

福島原発から放出された放射性プルームは、東北道に沿って南下しながら栃木県に達したものと、太平洋沿岸を南下し、茨城県の霞ヶ浦辺りで関東平野に入ったものがあるといわれる。そこでまず、海上からの進入路となった「霞ヶ浦」や「北浦」(茨城)の底質泥を採取した。

測定するとセシウム(セシウム134と137合算値。以下同)の値は、霞ヶ浦が一五一ベクレル/kg(表中④。以下同じ)、北浦が一〇九ベクレル/kg(⑤)。泥にはかなりの水分が含まれていて、これだとキログラム当たりのセシウム量が薄められてしまう。そこで泥の水分量を測定した上で、乾燥した状態の値になるよう計算で補正（乾物換算値。本文中の測定値はこの数値）した。

すると、それぞれの泥から、霞ヶ浦は四五三ベクレル／kg以上、北浦は三一五ベクレル／kgのセシウムが検出された。ちなみに環境省の二〇一五年九月の調査では、霞ヶ浦の最高値は六〇〇ベクレル／kg、北浦は四〇五ベクレル／kgが出ている。

次は、栃木県を流れる利根川の支流、小貝川水系に属する「牛久沼」。茨城県で三番目に大きい湖で、首都圏の釣りスポットとしても知られる場所だ。ここの底質泥を測定すると、二六一三ベクレル／kg以上③の高い放射能値が示された。国の測定値は六七〇ベクレル／kgだから、その約四倍に相当する。

六一五ベクレル／kg（四万ベクレル／㎡）を超える場所は放射線管理区域相当となり、一般人や一八歳未満は立ち入れない。その値をはるかに超える水準だ。当然、水中の汚染プランクトンを食べる魚も汚染されている。

牛久市が二月に測定した結果によると、コイから三五ベクレル／kg、モツゴから二七ベクレル／kg、フナからも二三ベクレル／kgのセシウムが検出されていた。食品の基準値は一〇〇ベクレル／kgだから、それを下回っているが、ほかの場所の魚はこんな数値は出てない。汚染されていることは明らかだ。

千葉県柏市と我孫子市の境にある「手賀沼」も高濃度に汚染されていた。昨年三月にはギンブナとコイなどから一〇〇ベクレル／kgを超えるセシウムが見つかり、千葉県では漁協に出荷自粛を要請している。

今回の測定では六九七ベクレル／kg②、また、利根川に面した「排水機場脇」の水路からは八九四ベクレル／kg①が検出された。手賀沼では昨年九月の国の調査で、三〇〇〇ベクレル／kg近い汚染が見つかっている。検体の採取場所を変えれば、さらに高い値が出るかもしれない。

表 13　首都圏の放射能による土壌汚染測定結果

番号	試料採取場所		分類	セシウム量 (Bq/kg)	セシウム量 (Bq/㎡)	乾重量 (Bq/kg)
1	印旛沼（船戸大橋）	佐倉市・印西市	底質	313	-	940 以上
2	手賀沼（西岸）	柏市	底質	260	-	697
3	牛久沼（稲荷川、三日月橋）	牛久市	底質	870	-	2613 以上
4	霞ケ浦（霞ケ浦大橋）	行方市・かすみがうら市	底質	151	-	453 以上
5	北浦（鹿行大橋）	行方市・鉾田市	底質	109	-	315
6	手賀沼排水機場脇（利根川との合流点）	印西市	底質	375	-	894
7	新川（橋の上）	江戸川区	底質	148	-	310
8	荒川（葛西橋近く）	江戸川区	底質	149	-	334
9	江戸川（市川大橋）	市川市	底質	25	-	34
10	住宅地のドブ（永山公民館近く）	取手市	底質	800	-	2402 以上
11	利根川・小貝川合流点（栄橋上）	我孫子市	底質	36	-	48
12	柏の葉公園（池）	柏市	底質	3286	-	5477
13	新坂川（8 号橋）	松戸市	腐葉土	116	-	138
14	水元公園（池）	葛飾区	底質	1405	-	2766
14	水元公園（公園の土）	葛飾区	土壌	3252	197000	6402
12	柏の葉公園（池近く）	柏市	土壌	385	22800	612
15	流山市総合運動場（池のある広場）	流山市	土壌	182	8980	340
16	東松戸中央公園（トイレ近く）	松戸市	土壌	122	7020	190
17	舎人公園（トイレ近く）	足立区	土壌	161	7090	201
18	上野恩賜公園（美術館近く）	台東区	土壌	450	19000	702
19	葛西臨界公園（大観覧車近く）	江戸川区	土壌	232	16300	330
20	夢の島公園（第 5 福竜丸下）	江東区	土壌	162	9090	253
21	駒沢オリンピック公園（バスケゴール上）	世田谷区	土壌	189	6350	266
22	石神井公園（野球場横）	練馬区	土壌	83	4820	109
23	松戸市の側溝（小金原 6 丁目）	松戸市	土壌	24840	1270000	34548

同じ千葉県にある「印旛沼」も、九月の国の調査では最高五八〇ベクレル／kgが検出されていたが、今回の独自測定では、それよりも高い最高値で九四〇ベクレル／kg以上（①）が検出された。

牛久沼、手賀沼、印旛沼の三つはどれも利根川水系。これらの沼が汚染されているということは、利根川が汚染されているのだろう。利根川は首都圏の水源。つまり、利根川が放射能汚染されていれば、首都圏の飲料水が汚染される。

ただし、川の水を測定してもセシウムは出てこない。川底に沈んでいるからだ。それが時間とともに下流域に流され、湖沼に流入して底質泥が汚染されることになる。

首都圏東部にある五つの主要な沼の底質泥を測定した結果は、三カ所で放射線管理区域基準を超える汚染だった。

湖沼の汚染のメカニズムを、小川が解説する。

「原発から出た放射性物質のうち、約四割は水系に流れ込みます。川から沼へ流れ込むまでに濃縮され、その濃度は数千倍にもなります。特に底質泥の汚染が高濃度なのは、泥が地下へ染み込む水のフィルターになり、放射性物質が堆積するからです。汚染されたプランクトンを餌として食べた魚も当然汚染されます」

水元公園は南相馬市並み。松戸市にはそれ以上の場所も

次に測定したのは、都内やその近郊の川や公園だ。すると、ここでも高い放射能汚染が確認された。まず、取手市の住宅街にあるドブの堆積物をさらってみた。このドブはメタンガスらしき気泡が浮き、異臭

を発する場所だ。腐った葉っぱなども混じる泥を測定すると、そこから二四〇二ベクレル／kg以上（⑩）。放射線管理区域基準の三・九倍。以下同）という高い値が検出された。

周辺の空間線量は〇・一三マイクロシーベルト／時を下回っていたが、住宅街のドブという生活空間に、放射線管理区域の四倍近い汚染物があるということだ。

生活空間といえば、水元公園（葛飾区）や柏の葉公園（柏市）の池の泥も高濃度に汚染されていた。子供が遊ぶ近くの池の泥を測定すると、水元公園では二七六六ベクレル／kg（⑭。同四・五倍）、柏の葉公園からは五四七七ベクレル／kg（⑫。同八・九倍）という高い数値が検出された。ともに放射線管理区域をはるかに超える基準だ。

水元公園は二〇一一年五月に都が空間線量を測定したところ、一マイクロシーベルト／時を超える場所が見つかり、除染をした公園。そこで今回、公園の土も測定すると、池の泥よりさらに高い六四〇二ベクレル／kgもの数値が出た（⑭。同一〇・四倍）。

これを平方メートル当たりのセシウム量に換算すると、三八万ベクレル／㎡を超えてしまう（同九・五倍）。この値は、避難指示区域に指定されている福島県南相馬市の小高区で二〇一五年十二月に測定した土壌汚染に匹敵する。まだ汚染は続いていたのだ。

それにしても、なぜ水元公園だけこんなに高いのか。千葉県や都内の公園の土を測定したなかでも飛び抜けた数値だ。小川は「緑地率が高く、アスファルトが少ないと汚染が堆積しやすい」と話す。

「落葉樹の葉に放射性物質が付着し、枯れ葉が土に落ちることで土に染み込みます。そこで濃縮作用が働くから必然的に汚染度が高くなるのです。それに窪地状の公園なら水の流れが公園内に集まってくるため汚染が進みやすい。水元公園はこうした条件を兼ね備えているのでしょう」

そして今回、最大の放射能汚染が見つかったのは、松戸市の住宅街にある側溝。線量計を当てると、二・六マイクロシーベルト／時という高い値を示した。国の除染基準は〇・二三マイクロシーベルト／時だから、その一〇倍近い。さらに土の放射能を測定すると、三万四五四八ベクレル／kg（④。同五六・二倍）を示し、平方メートル換算では一七六万ベクレル／㎡（同四四倍）という極めて高い放射能が確認された。キログラム当たり八〇〇〇ベクレルを超えると指定廃棄物扱いとなり、一般のゴミと一緒には捨てられない。そんな土が、首都圏の民家が立ち並ぶ一角に存在するのだ。

今回の調査では二三カ所で二五検体を測定したところ、一〇カ所で放射線管理区域の基準を超えていた。これだけ汚されていることを考えれば、空間線量が下がったからといって、放射能汚染が終わったと思うのは間違いだ。

身の回りが放射能汚染されていることで心配されるのは健康への影響だ。確かに今の汚染レベルは急性被曝症状を示す値でない。しかし、心配なのは長期的な影響だ。

「低線量被曝の影響はジョン・ゴフマン、ジェイ・クルード、グロイブ・スターングラスといった研究者たちが指摘しています。具体的には、ＩＱの低下や精神障害の増加、流産、奇形児などです。福島や汚染された首都圏でも三〇年から四〇年後に被曝影響が出るのではないでしょうか」（小川）

さらに小川は、被曝量が少ないから健康への危険性はないと話す専門家にも警鐘を鳴らす。

「原発から飛散した二〇〇種類以上の核種の中にはガンマ線やベータ線だけではなく、細胞に対する強力な破壊力を持ったアルファ線も含まれています。それを考慮せず、レントゲンで使われるエックス線被曝と同じレベルで語ることが間違いなのです」

＊

今、原発事故に対する国の安全キャンペーンが大々的に進み、健康被害は起きないとの前提で物事が進んでいる。福島で一六六人も甲状腺がんかその疑いがあると判定されているのに、だ。

首都圏は川や湖沼の底質の汚染はともかく、住宅街や公園は土を入れ替えるなどの対策をとれば、放射性物質がたまるのはある程度は防げる。自衛のためにいま一度自分たちで放射能汚染度を調べて、地元自治体を動かすべきだ。

No. 31

強制帰還策で福島の甲状腺がんは激増する

二〇一六年四月十一日

県民を殺す気か。三八万人中一六七人が疑いあり。福島の発症リスクは一四五倍。
福島県で甲状腺がんが多発している。福島原発事故後に始めた調査で、現在までに一六七人ががん、もしくはがんの疑いと診断され、これからも人数が増えていくのは確実な情勢だ。県は放射線被曝と発症の因果関係を認めていないが、その根拠をめぐっては専門家からも疑問の声が上がっている。福島で起きている甲状腺がん発症が原発事故由来なのかどうかを徹底検証する。

福島第一原発事故以後、県は当時一八歳以下だった約三八万人の県民を対象に、甲状腺検査を続けている。一九八六年に起きたチェルノブイリ原発事故では、地元周辺で甲状腺がんが多発した。福島でも同様のことが起きる可能性があるため、子供たちの健康を長期的にも見守るための検査だ。

その検査で甲状腺がんが多数見つかっている。二〇一一年十月から二〇一四年三月まで実施した「先行検査」と、二〇一四年四月から継続中の「本格検査」を合わせると、現在までに甲状腺がんかその疑いがあると診断されたのは一六七人に上る。

甲状腺がんは大人の女性に多い病気で、子供がかかるのは一〇〇万人に二〜三人程度といわれる。つまり福島では、一四六倍から二一八倍という高い確率で発症していることになるのだ。

甲状腺とは「喉仏」の下にある蝶の羽を広げたような形をした臓器。ここから、体の新陳代謝や成長ホルモンを促す甲状腺ホルモンが分泌される。甲状腺がんの九割はがん細胞の形が乳頭に似た「乳頭がん」と呼ばれるもので、進行が遅く、手術後の経過もよいとされる。

甲状腺がんの原因のひとつとされるのが被曝だ。特に原発事故や原子爆弾から放出される放射性ヨウ素は、甲状腺がホルモンをつくる際に材料となるヨードと勘違いして吸収され、がんの原因となる。このため原爆が落とされた広島や長崎では周辺の住人に甲状腺がんが多発し、チェルノブイリ原発事故後も患者が急増した。

こうした理由から県は甲状腺検査を始めたはずなのに、一六七人という異常な多発を目にしても、いまだ被曝の影響を認めていない。

「(甲状腺検査を行なう県民健康調査の)検討委員会においては、これまでに検査で発見された甲状腺がんについては、放射線の影響とは考えにくいとの評価で一致していると受け止めています」(福島県の県民健康調査課)

その検討委員会の星北斗座長は、放射線の影響を完全に否定しないと言うものの、「わかっている範囲で現時点では考えにくい」と影響を認めることに消極的。検討委が二〇一六年三月末にも出す中間とりまとめでも「数十倍多い甲状腺がんが発見されている」としながら、原因ついては「放射線の影響とは考えにくい」との見解を盛り込む予定だ。

検討委が被曝との因果関係を考えにくいとする理由は、「県内の地域別発見率に大差がない」「チェルノブイリと違い、当時五歳以下の子供からの甲状腺がんの発見が今のところない」「チェルノブイリ事故に比べて被曝線量が少ない」などだ。

つまり、チェルノブイリで甲状腺がんの患者が大量発現した時の状況と違うから、福島は放射線での影響ではないというのである。その代りに多発の原因として挙げているのは「過剰診断」。要はいずれ発症するがんを検査で先に見つけたり、放置しても問題ないがん細胞をがんと診断したりするから多数発見されているというのだ。

だが、こうした検討委の考え方には、専門家からも異論が出ている。

環境疫学を専門とする岡山大学の津田敏秀教授は、検討委の「県内の地域別発見率に大差ない」との指摘に、「地域によって数倍ほど発見率が違う」と反論する。

県はエリアを四つに分けて発生率を分析した結果、地域別発見率に大きな差がないとする。だが、津田氏は県の先行検査のデータを使い、県内を九つにエリア分けして分析すると、子供の甲状腺がんの発生率が地域ごとに異なり、だいぶ高いエリアもあることが分かった。

「発症率が全国平均で一〇〇万人に年間三人と言われる水準と比べた場合、福島市と郡山市の周辺で約五〇倍に上がりました。また地域によって検査時期が最長で二年半近くも違うため、分析に補正をかけたところ『量—反応関係』がよりはっきりしました」

「量―反応関係」とは、被曝が多くなれば甲状腺がんの発生率が高まる傾向にあるという意味だ。ただし、空間線量が高い浪江町や飯館村などの地域は検査も早く始まった分、がんもまだ小さく見つかりづらかった。その分を計算で補正した結果、浪江町、飯館村、大熊町などを含む地域では約三〇倍となることがわかったというのだ。

日本の原発被害者への補償はチェルノブイリと比べて全然不十分

また、検討委の「チェルノブイリと比べて当時五歳以下からの甲状腺がんの発見がない」については、ロシア社会制度研究家の尾松亮氏が「チェルノブイリの状況は今の福島と似ている」と指摘する。

「ロシアで事故時〇～五歳の層に甲状腺がんが目立って増えたのは、事故の約一〇年後からでした。事故直後から増加がみられたのは事故時に一五～一九歳の子供で、この年代は五年後あたりから甲状腺が目立って増えています。ウクライナ政府の報告書でも、事故から五年くらいの間は、〇歳から一四歳の層に顕著な増加は見られず、一五歳から一八歳の層に増えました。つまり、ここだけを見れば、むしろ福島の今の状況との類似性が目立つのです」

尾松氏の指摘の根拠は、二〇一一年にロシア政府が発行した『ロシアにおける事故被害克服の総括および展望』と呼ばれる報告書に基づいている。

検討委が開いた二月の会見でも、このロシア政府報告書についての質問が出た。だが、委員から出た答えは「読んでいない」だった。

「チェルノブイリ事故に比べて被曝線量が少ない」という点に関しても、福島原発の事故当時に、県民の甲状腺への被曝量をきちんと測定できたのか疑問が残る。

弘前大学の床次眞司教授は、二〇一一年～一六年まで、浪江町や福島市で六二人の甲状腺被曝調査を行なった。しかし県の職員から「それ以上の検査は不安をあおる」として止められ、被曝量のデータが集まらなかった。放射性ヨウ素131は半減期が八日と短く、今となっては、測定することは不可能だ。

ちなみにチェルノブイリでは約三五万人の甲状腺被曝量が調査されたが、福島でのその〇・四％ほどの一五〇〇人に過ぎない。

それでは、どのくらい甲状腺に被曝をすればがんになる確率が増えるのか。ひとつの目安として、原発事故が起きた際に住民が飲む「安定ヨウ素剤」がある。あらかじめ薬で甲状腺にヨウ素を満たすことで、放射性ヨウ素が取り込まれにくくするのだ。

つまり、この服用基準を上回る量の被曝をすれば、甲状腺がんなどの異変が起きる可能性が高まると考えられているのである。

安定ヨウ素剤の服用基準は日本では年齢に関係なく、「被曝量」一〇〇ミリシーベルトとなっている。だが、アメリカやフランスなどでは一八歳以下は五〇ミリシーベルトなので、五〇ミリシーベルトが国際基準と呼んでもよい。床次氏が調べた六二人の分析結果では、五人の被曝量がこの五〇ミリシーベルトを超えていた。検査を止められなければ、被曝の実態がより明らかになったことは間違いない。

福島では甲状腺がんが多発している上に、このようなデータも明らかになってきているため、被曝との影響は考えにくいとする検討委の中でも、ここにきて委員間の認識の相違が目立ち始めている。

前出の床次教授は、原発事故直後の福島で測定できた数少ない甲状腺被曝の測定結果をもとに、福島はチェルノブイリよりも被曝量が低かったとした。

だが、床次教授は最近の報道番組のインタビューの中で、甲状腺がんと診断された子供たちの被曝量をきちんと測っていないのに、この測定結果から甲状腺がん多発は放射線の影響とは考えにくいとする検討委の方向性に、疑問を投げかける見解を示したのだ。

また、日本甲状腺外科学会前理事長を務めた清水一雄委員は取材に対し、先行検査ではがんと診断された子供が五一人いることを「気になる」と指摘する。

「先行検査で（異常のなかった）A1判定の人が、本格検査では比較的多くを発症していました。最新の結果では、その比率が少し増加しています。新しく発症したのか、先行調査での見落としかについて重要な問題です」

それにこの五一人の平均腫瘍径は一cm、最大で約三cmにも達する。二〜三年でこんなにも大きくなるのだろうか。もし先行検査での見落としなら、検査の信頼性が揺らぐことになる。

見落としでないとしても、甲状腺がんの約九割を占める乳頭がんは進行が遅いのが特徴。五一例はたった三年ほどで手術の必要があるほどがんが大きくなっていたのだから、普通の「乳頭がん」と比べても変だ。

それでも検討委や、甲状腺検査を行なう福島県立医科大学は、一向に放射線との関連を認める気配を見せない。そのため、本当のことを知りたい患者同士が情報交換や国や県などへの働きかけを目的として「三一一甲状腺がん家族の会」を二〇一六年三月十二日に発足させた。

会のメンバーで、甲状腺がんと診断され手術を受けた県内の中通りに住む女児の父親は「娘のがんは大きな状態で見つかった。過剰診断ではないと思う」としながら、不安な心情をこう話す。

「放射線の影響ではないと言いながら、福島県立医大はなぜ何度も検査をするのか。被曝の影響が考えにくいというなら、ほかの原因をきちんと探ってほしい。再発や移転が不安で仕方ない」

会の代表世話人のひとり、河合弘之弁護士は、

「原発事故の訴訟が全国で起きているが、損害の核心は甲状腺がんや白血病などを引き起こす放射能被害。放射能の健康被害が心配だからみな避難をし、結果的に家や財物を失っているのです。だからこそ因果関係を社会的、政治的に立証していく」

という。患者の会とは別に、被曝で不安を抱えている人たちに情報提供をする「甲状腺一一〇番」も間もなく発足する予定だ。

日本の原発事故被災者への補償が不十分なのは、チェルノブイリ事故が起きたウクライナと比較することでわかる。

ウクライナでは「チェルノブイリ法」をつくり、被災児童の補償を徹底している。年間の被曝線量が〇・五ミリシーベルト以上ある場所に三年以上住んでいれば被災児童と認定される上、甲状腺患者であれば、被曝量の数値を問わずに法律で保護されるほどだ。

前出の尾松氏は、

「チェルノブイリで被災した国は、原発から数百㎞離れた場所も含め、広い地域で健康診断を続けてきた。成人にも毎年の検診があり、七～八割以上の受診率を保っている」

という。一方、福島県では被災者が受けられる健康診断の対象範囲も狭く、なおかつ甲状腺検査になる

と成人を過ぎれば五年に一度の頻度でしかない。その上、住民に原発作業員と同じ年間二〇ミリシーベルトまでの被曝を許容し、除染も終わらないうちに避難指示を次々に解除しようとしているのが現状だ。

甲状腺がんの原因は、すでに消えてしまった放射性ヨウ素だけに限らない。がん治療のためにエックス線やガンマ線などを頭や首などへ照射した経験も発症因子になると言われている。つまり、いまだに土壌にたくさんふくまれているセシウムを含めた放射線に被曝すること自体が発症リスクをさけるには自衛するしかない。大切なのは、すでに多くの住民は実行しているが、大きな被曝リスクのある場所に子供は帰さないと徹底することだ。

福島の甲状腺がん患者とその家族を救うために、「三一一甲状腺がん家族の会」が発足。活動のための寄付を求めている。振込先は、ゆうちょ銀行、店番号〇一九、当座口座〇四五〇九三五、三一一甲状腺がん家族の会宛て。問い合わせ先はメールで【311tcfg@gmail.com】

No. 32

伊方原発・川内原発を第2のフクイチにするな

二〇一六年五月十六日

四・一四熊本地震。次の〝震源〟は「中央構造線」か「南海トラフ」か「阿蘇山」か。マグニチュード七・三、最大震度七を記録した熊本地震は、今も震源地を拡大し続けている。気象庁は「これまでに類を見ない活発な活動。広域は東日本大震災より広い」と指摘するなど、予断を許さない状況だ。何より気になるのは、地震が国内最長の断層系である「中央構造線」沿いに広がっている点。このままいけば、この断層沿いにある伊方原発、川内原発が大地震の直撃を受けかねない。

熊本で最初に震度七の揺れを観測した翌日の二〇一六年四月十五日金曜日、著者らは現地へ飛んだ。取材を終え、ホテルの部屋に戻ると、深夜一時過ぎ、突然大きな縦揺れが襲った。

建物が倒壊するのではないかと恐怖を感じる、生まれて初めての強烈な揺れで、テーブルの上の物は床に落ち、部屋は停電した。

しばらくすると電源が回復し、部屋ですぐさまテレビの地震速報を確認しようとしたが、画面には何も映らない。ネットでは震度六弱の情報。五分から一〇分おきに大きな揺れが襲ってくる。後でわかったが、四月十六日午前一時二五分に発生したこの「本震」の後、約三〇分で震度六が三回、震度四が二回起きていた。この本震で宿泊客は全員外に出されて、点呼が行なわれるほどだった。

そのまま明け方三時の熊本の街に出ると、辺りは混乱状態だった。まず目に飛び込んできたのは車の多さ。道は渋滞し、コンビニやショッピングセンターの駐車場は満杯だ。コンビニには断水に備えて水などを買い求める人の列ができ、暗がりの駐車場に止まった車の中には人がいた。車中に避難をしているのだ。

市内の住宅では火災が発生し、幹線道路の国道三号線は段差ができている。所々で橋が壊れて通れないこともあり、さらなる渋滞が発生していた。大きな余震が立て続けに来るため、建物の中にいると危ないということで、車に避難していない人たちは毛布にくるまり、公園や駐車場などに座り込んでいる姿も目につく。

その後、土砂崩れなどで大きな被害が出た阿蘇方面に向かう。山道には至る所に落石がある。暗くてよく見えない上、余震でいつ大きな岩が落ちてくるかわからず、車を走らせるのも命がけだ。心配した担当編集者から「気をつけて。運転はゆっくり」とのありがたいメールが来るが、これではスピードなど出せない。

夜が明けると、阿蘇地方の惨状がはっきりと見えてきた。翌十七日には、長さ二〇五mの阿蘇大橋が七六m下の谷底に落ちた南阿蘇村立野地区に入る。橋があった場所が見渡せるポイントまで行くと、道路のアスファルトが割れ、幅、深さともに一ｍほどの隙間が何カ所もできていた。道の先端をのぞくと、谷底が見えて足がすくむ。向こう岸の山の上には、谷底に向かって落ちかかっている車が見える。さらに田んぼには、地震でできた断層が長く延びていた。

そこから、阿蘇大橋の崩落と東海大学の学生らをのみ込んだ山崩れ現場に向かおうとしたが、道が土砂で埋まっていて辿り着けない。阿蘇山の周囲の道は山を囲むように国道二六五号線、二九八号線、県道一一一号線などが通っているが、どこを走っても、現場周辺に近づくと、土砂崩れで道が完全にふさがれていた。そうでない場所でも、片側車線が崩落している場所が多い。

阿蘇大橋が崩落した現場から五㎞ほど離れた河陽地区を走っていたとき、ビルの四階ぐらいの高さがあった山が崩れ、土砂と木々が道に流れ込んで交差点をふさいでいるのが見えた。十字路だった所がT字路になっていたのだ。土砂が流れ込んだ家の住民で一級建築士の後藤幸夫さんが言う。

「十六日午前一時二五分の地震の直後に外に出てみると、山が崩れて玄関前まで土砂が流れ込んできました。この家は、カナダの樹齢二〇〇年のレッドシダーを使った強固な柱で支えられているので、土砂は奇跡的に玄関で止まりました。普通の家ならひとたまりもないでしょう。それよりも、土砂の下に車や人がいないことを願います。」

確かに家は助かったが、壁伝いに土砂が回り込み、停めていた愛車のプリウスは完全に埋まっていた。

著者らは南阿蘇村の何カ所かでドローンを飛ばして被害状況を撮影したが、その間も地面がユラユラと揺れていることが多かった。余震の回数はこのときすでに五〇〇回に迫っていた。山の上の住宅地で周りを見渡すと、家の庭などでも地割れがすごい。ここはカルデラ台地なので地盤が緩いのかもしれない。

気象庁も混乱する異例だらけの熊本地震

今回の熊本地震の始まりは二〇一六年四月十四日午後九時二六分に発生したM六・五の揺れだった。熊本市から東へ一〇㎞ほど進んだ益城町で、最大震度である七を記録し、多くの家屋が倒壊。熊本市でも震度六弱から五強を観測した。気象庁が震度七を新設した一九四九年以降、震度七を記録したのは一九九五年の阪神・淡路大震災、二〇〇四年の新潟県中越地震、二〇一一年の東日本大震災に続いて四度目だ。

今までの地震なら、最初の揺れが本震で、同じ場所でこれより大きな揺れは来ない。だが、今回は違った。その二八時間後となる四月十六日の午前一時二五分、今度はM七・三の揺れが襲ったのだ。家屋の倒壊、大規模な山崩れ、落石などの被害は、阿蘇市や八代市なども含めた県内広範囲にわたり、一度目の地震で大きなダメージを受けていた益城町ではさらに被害が拡大した。このときの揺れでも、益城町や阿蘇郡原村で震度七を記録していたことがわかった。同じ場所で二度も震度七を観測するのは初めてのことだ。

いったい熊本で何が起きているのか。防災科学技術研究所で客員研究員だった都司嘉宣氏が説明する。

「最初の大きな揺れの後にさらに大地震が来るのは、内陸の活断層の地震ではあり得ることです。一八五四年の伊賀上野で起きた地震がそうでした。今回の地震は、(益城町から熊本市を走る)布田川断層の辺りで起きていますが、次第に震源域が広がっているのは、断層にたまったひずみが地震で解消されると、今度はその隣の断層がひずみを解消しようと動きだすからです。だから余震というより、別個の地震が起きていると考えたほうがいいでしょう」

そして都司氏は、こんな気になることを口にした。

「中央構造線を刺激して、震源が広がっています。明治二二年の熊本地震のときは別府湾の入り口までいきました。今回は移動速度がそのときよりも三〇倍も速く、伊方原発の前までいく可能性があります」

中央構造線とは、関東から諏訪を抜け、中部、近畿、四国、九州に連なる長さ約一〇〇〇㎞の日本最大級の断層系だ。一九七三年に小松左京氏が描いた小説『日本沈没』は、中央構造線が裂けることで日本列島が沈んでしまうストーリー。つまり、日本の屋台骨ともいえるものだ。その中央構造線の西端にかかる布田川断層で今回の最初の地震が起きた。そこから中央構造線に沿って、徐々に北東と南西に震源域が拡大しているのだ。地震学者の島村英紀氏も、中央構造線沿いに震源が広がることを心配する。

「阿蘇、大分ときたら、次は明らかに愛媛です。また、南西方向の鹿児島方面にも震源が延びている。中央構造線は日本列島ができてから何千回も地震を繰り返してきた札つきの断層。今回は日本人が初めて経験したといってもよい、そのラインに沿って拡大している地震です。連鎖を起こすかもしれません」

震度七が続いた大揺れに、七〇〇回を超える余震。古文書をひもとかなければ記録にないような地震形態に、気象庁も混乱気味だ。最初のM六・五の揺れが本震から前震に変更され、余震の発生確率も「過去の経験則が当てはまらない」として発表を取りやめた。震源域が熊本、阿蘇、大分と広がったことも前例がなく、「まだまだ収まる気配を見せない」と困惑する。

中央構造線直下地震、南海トラフ、噴火、どれが起こっても原発は危険

このまま中央構造線に沿って震源域が広がった場合、最も心配されるのは、愛媛県伊方市、そして鹿児島県薩摩川内市にある原発だ。原発の危険性に警鐘を鳴らす作家の広瀬隆氏が指摘する。

「益城町の揺れの強さは上下動で一三〇〇ガルを超えていました。一方、川内原発が耐えられるのは六五〇ガル、伊方原発は六二〇ガルしかありません。そもそも、一〇〇〇ガルを超えたら地上のものは宙に浮きます。そうなったらもう耐震性がどうのという問題ではなくなるのです」

東日本大震災では、福島原発が一〇〇〇ガルよりも小さい揺れで被害を受けた。

「二号機の配管は五五〇ガルの揺れで壊れました。長時間揺れると弱いのです。今回は震源も浅く、しかも上下に揺れる直下型。特に、伊方原発は中央構造線のほぼ真上に立っている。大きな揺れが襲ったら、原発はひとたまりもなく吹っ飛んでしまうでしょう」

冷却系の配管が壊れれば、福島のようにメルトダウンの危機が迫る。固い岩盤上に設置された原子炉には揺れがそのまま伝わるわけではないが、それでもどこかが破壊されるリスクは大きい。

稼働中の川内原発が危険なのはもちろんだが、現在運転をしていない伊方原発も、大地震が襲えば十分に危険だという。

「伊方原発の使用済み燃料プールには、一四〇〇本を超える核燃料棒が保管されています。地震でプールが崩壊して冷却水が抜ければ、それだけでメルトダウンを起こしてしまう。つまり、動いていようがいまいが、日本中のすべての原発は危険なのです。そうした危険を防ぐには、使用済み燃料をドライキャスクと呼ばれる容器で貯蔵するしかありません」（広瀬氏）

心配なのは中央構造線で発生する直下型地震だけではない。発生が近いといわれる南海トラフ地震や九州の火山の活発化も懸念されるのだ。

例えば、南海トラフ地震では四国を三〇m以上もの津波が襲う。伊方原発は愛媛県から突き出した佐田岬半島の北側にあるが、瀬戸内海に入り込んだ津波が押し寄せる可能性がある。川内原発も同様に、薩摩半島を回り込んで津波が襲うことだろう。

一方、阿蘇山をはじめとする九州の火山は、かつて〝破局噴火〟と呼ばれる超大規模噴火を起こしており、川内原発付近まで火砕流が到達した痕跡が残っている。熊本地震の直後には阿蘇山が小規模噴火を起こし、二〇一六年に入って桜島も激しい噴火を見せている。

ひとたび地震で原子炉建屋が崩壊すれば、放射性物質が大量放出される。そのとき不十分な避難経路しかない川内と伊方原発周辺の住民は逃げ場を失い、深刻な被曝をしてしまう。

さらに風向きによっては、西日本全体が壊滅的な被害を受けることも想定される。九州、中国、四国、近畿が福島のような状況になれば、放射能汚染から安全な場所が日本からほとんどなくなってしまうのだ。川内原発はすぐにでも稼働を止め、川内、伊方両原発とも、放射能漏れの対策を早急に打たないと、日本はもう一度、福島の悲劇を繰り返すことになりかねない。

No. 33

この検討委員会では福島の甲状腺がん患者は本当に抹殺される

二〇一六年六月二十七日

事故当時、五歳以下だった子供にがんが発見されても、「被曝の影響とは考えにくい」福島で甲状腺がんが多発している原因が福島第一原発からの放射線かどうかを、専門的な立場から助言するために県が設置した「県民健康調査検討委員会（検討委）」。三〇年前のチェルノブイリ原発事故では子供の甲状腺がんが多発した。そのため福島でも疑ってかかるべきなのだが、実際には逆方向へと進んでしまっている。このままではがん患者が見殺しにされかねない事態になりそうだ。いったい何が起こっているのか。

チェルノブイリ同様、五歳以下からがん患者が

二〇一六年六月六日に福島市で開かれた「第二三回県民健康調査検討委員会」。放射線被曝と甲状腺がんの因果関係を調べるこの有識者会議で、県民や報道陣が傍聴するなか、福島の事故当時一八歳以下だっ

た子供の甲状腺がんが、さらに一五人増えたことが報告された。

これでがんと確定したのは一三一人になったのだが、今回、この一五人の中に、当時五歳以下の子供が加わっていたことが初めてわかり、傍聴人の間に衝撃が走った。

もともと小児甲状腺がんの発症率は、一〇〇万人当たり年間二人程度といわれている。それが原発事故後の福島では、三八万人いる一八歳以下に対して、五年で一三一人ががんと診断された。三四倍以上の明らかな「多発」といえる。

だが、検討委は「過剰診断が多発の理由であり、放射線の影響は考えにくい」としてきた。過剰診断とは、本来は診断する必要もなかったが、調べてみたら見つかってしまい、手術までしてしまった診断のことだ。

検討委が被曝の影響は考えにくいとする根拠はいくつかあるが、そのなかのひとつが「チェルノブイリでは事故当時五歳以下の子供に甲状腺がんが発症したケースがみられたが、福島では出ていない」というものだった。

子供の甲状腺は放射性ヨウ素を吸収しやすく、原発事故で飛散したヨウ素131を取り込むとがんになる。だが、福島では、事故当時五歳以下の発症者がこれまで見つかっていなかったため、がんは放射線とは関係ないとのスタンスだったのだ。

ところが、今回初めて五歳以下の患者が出た。県や医大は公表していないが、事故当時、いわき市に在住していた五歳の男児が、二〇一六年五月頃に手術を終えたとみられていることが分かったのだ。これで検討委の「被曝と関係なし」とする根拠のひとつがくずれたことになる。

だが、記者からの質問に答えた星北斗座長はこう突き放した。

「恣意的に公表しなかったわけではなく、全体的に判断すること（だと考えている）。この先どのくらい五歳以下の患者が出てくるのか検証する必要はあるが、放射線の影響は考えにくいとするいままでの論拠を、これで変更することはないと考えている」

つまり、ひとりぐらい五歳以下から患者が出ても、被曝と関係があるのか議論することはしない、ということだ。

こうした検討委の姿勢に、福島の甲状腺がんの患者や親が集まる「3・11甲状腺がん患者の会」代表世話人の千葉親子氏はこう怒りをにじませる。

「星座長の言葉は言い逃れにしか聞こえません。五歳以下の子供にがんが見つかったのだから、きちんと検証をしないといけないハズ。第一、今の甲状腺がん多発についても『過剰診断』といっていますが、もっと被曝の影響をちゃんと検査をして調べるべきです」

患者のデータを医大が隠そうとする理由

そもそも検討委は、以前から結論ありきの組織ではないかとの批判が多い。福島の甲状腺がん問題に詳しいジャーナリストの藍原寛子氏が解説する。

「四年前、検討委は秘密会を開いて県民の知らないところで大事なことを決めていることがわかり、大きく批判されました。当時の座長だった山下俊一氏らのメンバーは、それをきっかけに代わりましたが、検討委の本質は今でも同じ。放射線の影響は考えにくいとした今年三月の中間とりまとめにしても、どういう議論がされたのかさっぱり見えてきません。はじめのうちは、予防医学につなげるようなことを言っていたけど、フタを開けてみると疫学的な分析も不十分な上、チェルノブイリなどほかの地域との比較もおざなりで、都合のよいデータしかつまみ食いしないのです。実際のデータさえきちんと比較分析していないのに自分たちは科学的だと言う」

秘密会とは、検討委員会に先立って非公開の会議をこっそり開催し、調査結果に対する見解を「がんと原発事故の因果関係はない」とするよう擦り合わせしていたものだ。この問題は県議会でも取り上げられ、村田文雄副知事（当時）が陳謝する事態に及んだ。

藍原氏は、検討委の人選もあり得ないという。

「まず当事者でもある患者が入っていない。これでは県民のための調査といえません。それに委員は東京や長崎から来ていて、福島で患者を実際に診ている人がほとんどいない。星座長は地元ですが、医師免許を所有していても病院の経営者で、実際に患者を診ていないのです。そもそも甲状腺の専門外の委員がほとんどだから、バラバラに好きなことを言って終わってしまっているのが現状です」

検討委の議論が、結論の方向がある程度決まった前提で行なわれているとしたら、その責任は委員を選んだ県にある。県は、福島県立医科大学に県民健康調査を発注し、検討委もその調査の一環に含まれている。つまり、医大も検討委も、県の目指す方向性に沿って議論を進めざるを得ないのだ。

その方向性とは、原発事故で避難している住民を地元に帰す帰還政策のこと。うかつに被曝の影響で甲状腺がんになったと認めたら、県民は地元へ帰らないばかりか、補償も求められる。そのため「被曝とがんの因果関係はない」との結論に誘導されているというわけだ。

そう考えると、甲状腺がん患者のデータの多くを医大が公表しない理由も見えてくる。実際に医療関係者からこんな指摘も出ている。

「例えば、がんの進行度を数値で分けた『TNM分類』というものがあります。Tは腫瘍の大きさ、Nはリンパ節への転移、Mはほかの臓器への転移を示し、これを見れば福島で起きている甲状腺がんの傾向が一発でわかる。だが、県や医大はこの分類を診療情報、個人情報だとしてデータをださないのです。しかし、この分類はもともと疫学データに使うものであり、個人情報とは性質が違う。それに、甲状腺がんの手術をした後に再発している人もいるというのに、そんな重要なデータさえ一切出してきません。県や医大は今の甲状腺がん多発の状況をデータ化されたくないのかもしれませんが、公表しないことには違和感を覚えません。個人を特定しない範囲で出すことはできるはずです」

甲状腺がん患者の存在をなかったものとする

甲状腺がん多発が放射線由来かもしれないのに、周りから「結論ありき」「寄せ集め」などと思われている検討委。実際にメンバーはどう考えているのか。

週プレでは検討委メンバー全員と、前座長の山下俊一氏、福島県立医科大学で甲状腺内分泌学講座の主任教授を務める鈴木眞一氏の一七人に書面で取材を申し込んだ。

回答したのは、二八三頁の表にあるよう六人のみ。回答がない委員には回答期限を二度延期するなどして再三の要請をしたが、それでも返事がないか回答を拒否された。

回答を寄せた明石真言氏は、今の検討委の個性では深い議論はできないという。

「今の検討委は科学的なマテリアルをどう評価しようとか言う感じではなく、県の調査を聞いているスタンス。例えば患者が事故当時に被曝した線量を追いかけるためには、今の委員会構成では無理でしょう。もっと線量の専門家をそろえて、別のワーキンググループをつくらないといけません」

検討委の中間とりまとめは「福島の小児甲状腺がんは放射線の影響とは考えにくい」となっているが、回答を見ると委員の考えは微妙に違う。

委員会内で唯一の甲状腺がんの臨床の専門家である清水一雄氏や、〝多発の理由は過剰診断〟説を唱える津金昌一郎氏は、

「多発は放射線の影響であるともないとも、現時点では断言できない」

と言う。

春日文子氏はさらに踏み込んで、

「現時点では被曝の影響を全員について否定することはできない。被曝の影響があったかどうかの判断には、被曝データとの検証に加え、今後ある程度の時間が必要」

と答えた。

初期被曝のデータは、チェルノブイリでは三〇万人だったのに対し、福島ではたった五〇〇人ほどしかない。データが少ないのに「被曝の影響は考えづらい」といえるのかという疑問に対して、放射線物理学が専門の床次眞司氏は、

「患者個人の線量が推定されない限り、現時点では甲状腺がんの発生と放射線被曝との因果関係は不明」

と言い、検討委の構成についても「私以外に線量のことがわかる委員はほとんどいない」と答えた。

表14　検討委メンバーへのアンケート

アンケートには、17人中、たったの6人しか回答をよこしてこなかった。その回答では「放射線の影響がないとは断定できない」と言っているのに、検討委員会の見解は「影響は考えにくい」となっている。検討委の意見は本当に信用できるのか。

明石　真言 量子科学技術研究所開発機構　執行役	検討委は、現状では県や県立医大の調査を聞くスタンス。患者の被曝線量評価など専門的な議論は、いまの委員の構成では無理。
稲葉　俊哉 広島大学 原爆放射線医科学研究所 教授	×回答なし
春日　文子 国立環境研究所 特任フェロー	現時点では、被爆の影響を全員について否定することはできないと考える。
北島　智子 環境省 環境保健部長	×回答なし
児玉　和紀 放射線影響研究所 主席研究員	×回答なし
清水　一雄 日本医科大学 名誉教授	影響があるとも影響がないとも断言は現時点でできない。これから長い時間をかけて検証がさらに必要。
清水　修二 福島大学 人文社会学群経済経営学類 特任教授	×回答なし
高村　昇 長崎大学 原爆後障害医療研究所 教授	×回答なし
津金　昌一郎 国立がん研究センター 社会と健康研究センター長	被曝の影響を示唆する科学的根拠は現状においては不十分だが、被曝の影響があるなしは断定できない。
床次　眞司 弘前大学 被ばく医療総合研究所 放射線物理学部門 教授	患者個人の線量が推定されない限り、現時点では甲状腺がんの発生と放射線被曝との因果関係は不明。
成井　香苗 福島県臨床心理士会 会員	×回答なし
星　北斗 福島県医師会 副会長	×回答なし
堀川　章仁 双葉郡医師会 会長	×回答なし
前原　和平 福島県病院協会 副会長	×回答なし
室月　淳 宮城県立こども病院 産科科長	×回答なし
山下　俊一 甲状腺検討専門委員会 診断基準等検討部会	×回答なし
鈴木　眞一 福島県立医科大学 医学部医学科甲状腺内分泌学講座	小児甲状腺の微小ながんを長期観察して発表した事例がないこともあり、過剰治療を防止するガイドラインに沿いながら手術している。

回答を寄せた委員は皆「放射線の影響は現時点では否定できない」と言っているのに、検討委の見解が「影響は考えにくい」に統一されているのは明らかにおかしい。しかも、医大は外部がきちんと評価できるような情報を出そうとしないし、県はそれを指導もしない。

検討委の動向を注視し続けている人たちからはこんな声も聞こえてくる。

「今の多発は過剰診断が理由だったということにして、今後はなるべく手術をしない方向にもっていくでしょう。しかし手術をしなくてもいいということになれば、すでに手術をした人たちはどう思うでしょうか。まだ若いのに切開した傷ができて、この先、薬もずっとのみ続けるのです」

事実、鈴木眞一氏らが出席して二〇一六年五月に相馬市で開かれた「こどもと震災復興国際シンポジウム二〇一六」では、研究報告者から「注意深く経過」を見守ることが、即座に手術に進むよりいいかもしれない」とするスピーチがあった。

今の福島の甲状腺がん多発が本当に被曝と関係がなければ、それに越したことはない。だが、チェルノブイリで子供に多発した前例がある以上、福島でも増えるとの前提で検査や検討をしなければいけないだろう。事故直後に〝SPEEDI〟の情報隠しで住民は避難が遅れ、その上、きちんとした被曝検査が行なわれなかったために、患者がどの程度被曝していたかさえわかっていないのだから。

そんな中で、まともな調査もせずに「被曝影響は考えにくい」などと言ってしまうのはそれこそ無責任だ。このまま診断が減らされ、手術もしなくなり、さらに情報隠しまで行なわれたら、甲状腺がんの患者自体が存在しなかったようになってしまう。彼らが〝抹殺〟されるような事態は絶対許してはならない。

あとがき

本書は、二〇一一年三月十一日に起きた福島第一原子力発電所の事故を契機に、『週刊プレイボーイ』（集英社）誌が掲載を開始した関連記事をもとにまとめたものである。同誌では、東電側が設定した事故現場視察はもとより、福島県浜通りと中通りに出現した高濃度汚染地帯や福島第一原発至近の海上などにも継続的に足を運び、国内マスコミ機関随一と言っても過言ではない質と量のレポートを掲載してきた。また著者（小川）も、それら『週刊プレイボーイ』誌の現場取材・調査にしばしば同行し、折りにつけて学術的な記事中コメントを提供してきた。

この巨大原子力事故は今も終息せず、著者の研究活動も依然として継続中だ。しかし二〇一六年にかけて『週刊プレイボーイ』誌が掲載してきた原発事故関連記事には、著者の調査経過や専門意見が色濃く投影されているので、一つの節目として福一原発事故の真相を探るための貴重な資料集として、一般読者や研究者の方々に向けて公刊を希望した次第である。以下に本文中に説明しきれなかった最も重要な事項について、付け加えたい。

今回の原発事故に呼応して、反原発の科学者や技術者たちも活発な発言を繰り返してきたが、十分な事故の説明にはなっていなかったのが現実だ。その一例が、「水素爆発」だった。ジルコニウムと水の化学反応式を挙げて説明するが、鉄筋コンクリート建屋を爆破するだけの水素は生成できない。三号機の爆発の際には、黒煙が上がったが、これについても説明できなかった。実際には、高温のジルコニウムの表面で水の熱分解が起こっていたのである。これならば、ジルコニウムは触媒として機能し、消耗することなく、水素と酸素の生成が続いていて、建屋を爆破するには十分な量に達することが可能であった。

一部の科学者がジルコニウムと水の反応により、水素が発生したと断定するのは、スリーマイル島の原発事故が、同じくこの反応で起こったとされているためである（高木、一九八〇）。はたして、スリーマイル事故ではジルコニウムと水の反応が起こったのであろうか？　この事故について、「一九七九年三月二十八日に、アメリカのペンシルバニア州のサスケハナ川の中州にあるスリーマイルアイランドの原子力発電所で、主給水ポンプが停止し、原子炉内の圧力が上がって一次冷却水が大量に流出し、運転のミスも重なって、燃料が一部溶けるという大事故が発生したことは、まだ記憶に新しいことです。この事故で密封された炉内へ水蒸気が大量に入り、この水蒸気が直接熱分解して、水素と酸素となり、これらの気体が、温度の低いところへ拡散して、そこで再結合して爆発反応を起こした」という学者の分析が発表された（太田、一九八七）。つまり、スリーマイル島では水の熱分解が起こったというのである。

原子炉内の主要部材の材質は、ステンレス鋼（融点一四二〇℃）、ジルカロイ（一七六〇℃）、炭化ホウ素（二七六三℃）である。したがって、一四二〇〜二七六三℃の範囲で加熱され、表面で水の熱分解が発生した可能性がある。原子炉内の最大圧力は、一号炉七六・四気圧（三月十一日）、二号炉七八・九気圧（三月十四日）、三号炉七三・二気圧（三月十二日）、とそれぞれ記録、推定されている（東京電力、二〇一二）。これらの圧力下での二五二七℃における水の熱分解の水素モル分率は〇・一であり、酸素は〇・〇五である（太田、一九八七）。原子炉の体積を五六五㎥とすると、水素量は標準状態で、一号炉四三一七㎥、二号炉四四五八㎥、三号炉四一三六㎥となる。モルに換算して、それぞれ、一・九、二・〇、二・〇×10^5モルとなる。酸素はこの半分である。この平衡状態が数日継続し、格納庫内および建屋内に水素と酸素が漏えいしていたわけである。この条件であれば、爆発時には二〇気圧を超えて、鉄筋コンクリート構造物でも大破することができる。

すなわち、水・ジルコニウム反応に加えて、水の高温分解が継続して、大量の水素と酸素が発生し、建屋内で滞留、爆発したのである。水の高温分解ではジルコニウムは消耗せずに、表面で化学反応を継続させることができる。

それでは、三号機の爆発の際には、黒煙が上がったが、これについても満足な説明がなかった。黒煙の理由として、核反応、有機物の燃焼などの説明があったが、ほかの原子炉では起こらなかったので、理由にはならない。何か別な化学反応が起こっていたに違いない。原子炉内は、材料の融点に相当する一四二〇～二七六三℃の範囲で加熱され、発生する物理・化学反応でなければならない。原子炉内の主要部材の材質が、ステンレス鋼、ジルカロイ、炭化ホウ素であることから、材料の色は、それぞれ銀白色、銀白色、黒色であり、炭化ホウ素が関与した可能性が高い。

すなわち、制御材である炭化ホウ素も融点が二一八〇℃であることから、ステンレス鋼とジルカロイの融解と同時に、蒸発・分解が起こっていたと考えられる。炉内の蒸発・分解した炭化ホウ素は、原子炉から水素、酸素とともに噴出していたはずである。気体として炉外に噴出し、温度の低下とともに黒色の微粉末となり、水素爆発とともに、黒色粉末が大気中に吹き上げられたのである。ほかの原子炉では温度が相対的に低く、炭化ホウ素の蒸発・分解が認められなかった。

三号炉で観察された黒煙は、有機物の燃焼でもプルトニウムの核反応でもなく、制御棒を形成する炭化ホウ素が高温で蒸発・分解し、漏出により温度の低下で黒色の微粉末となり、水素爆発とともに、建屋の外部に吹き上げたのである。

これ以上は別の機会に触れることにして、本書の執筆構成を述べたい。

全体の三分の二は、有賀訓が執筆した。桐島瞬が執筆したのは、プール汚染、福島県民見殺し策、「美味しんぼ」鼻血問題、年間被曝量二〇ミリシーベルトでも家に帰れ、棄民政策、原発事故から五年たっても、甲状腺がんは激増する、伊方原発・川内原発、検討委員会で甲状腺がん患者は抹殺される、の各節である。「はじめに」と「あとがき」は小川が執筆した。また、全体の専門用語の統一、単位の計算、科学的事実の確認は小川が行った。

最後に、取材の多くをマネージメントされた『週刊プレイボーイ』誌編集部と現場取材記者の方々に深い謝意を表します。また本書をまとめてくれた緑風出版編集部にも感謝いたします。

参考文献

1　高木仁三郎（編集）『スリーマイル島原発事故の衝撃』社会思想社、一九八〇年。
2　太田時彦『水素エネルギー』森北出版、五二頁、一九八七年。
3　東京電力、福島原子力事故調査報告書、二〇一二年。

[著者略歴]

小川進（おがわ　すすむ）

長崎大学大学院教授（工学博士、農学博士）

主な著書:LNGの恐怖（亜紀書房、共訳）、LPG大災害（技術と人間、共著）、都市域の雨水流出とその抑制（鹿島出版、共著）、阪神大震災が問う現代技術（技術と人間、共著）、防犯カメラによる冤罪（緑風出版）。学術論文303編。

桐島瞬（きりしま　しゅん）

週刊朝日、アエラ、週刊プレイボーイ、フライデー、女性自身などの週刊誌を中心に活動するジャーナリスト。主な取材テーマは、原発、エネルギー、災害、沖縄など。福島第一原子力発電所の事故後には収束作業員として働き、原発内部の様子を克明に報告した。

週刊プレイボーイ編集部（有賀訓、東田健）

2011年3月11日の事故以来、2017年3月まで膨大な量の記事を配信した。新聞等のマスコミが報じなかった事実を伝え続けた。

放射能汚染《ほうしゃのうおせん》の拡散《かくさん》と隠蔽《いんぺい》

2018年4月10日　初版第1刷発行　　定価1900円＋税

共著者　小川進・有賀訓・桐島瞬 ©
発行者　高須次郎
発行所　緑風出版
〒113-0033　東京都文京区本郷2-17-5　ツイン壱岐坂
［電話］03-3812-9420　［FAX］03-3812-7262［郵便振替］00100-9-30776
［E-mail］info@ryokufu.com［URL］http://www.ryokufu.com/

装　幀　斎藤あかね
制　作　R 企 画　　印　刷　中央精版印刷・巣鴨美術印刷
製　本　中央精版印刷　　用　紙　中央精版印刷・大宝紙業　　E1200

ISBN978-4-8461-1805-1　C0036